● 法藍瓷陳立恆總裁榮獲第一屆「總統創新獎」。

● 文化做外交，以「登峰造極」瓷品予靜岡縣知事，同賀富士山榮獲UNESCO非物質文化遺產的肯定。

● 於日本皇宮酒店舉辦「珍藏、法藍瓷經典展」，以多件精湛瓷品展現豐沛文化創意力。

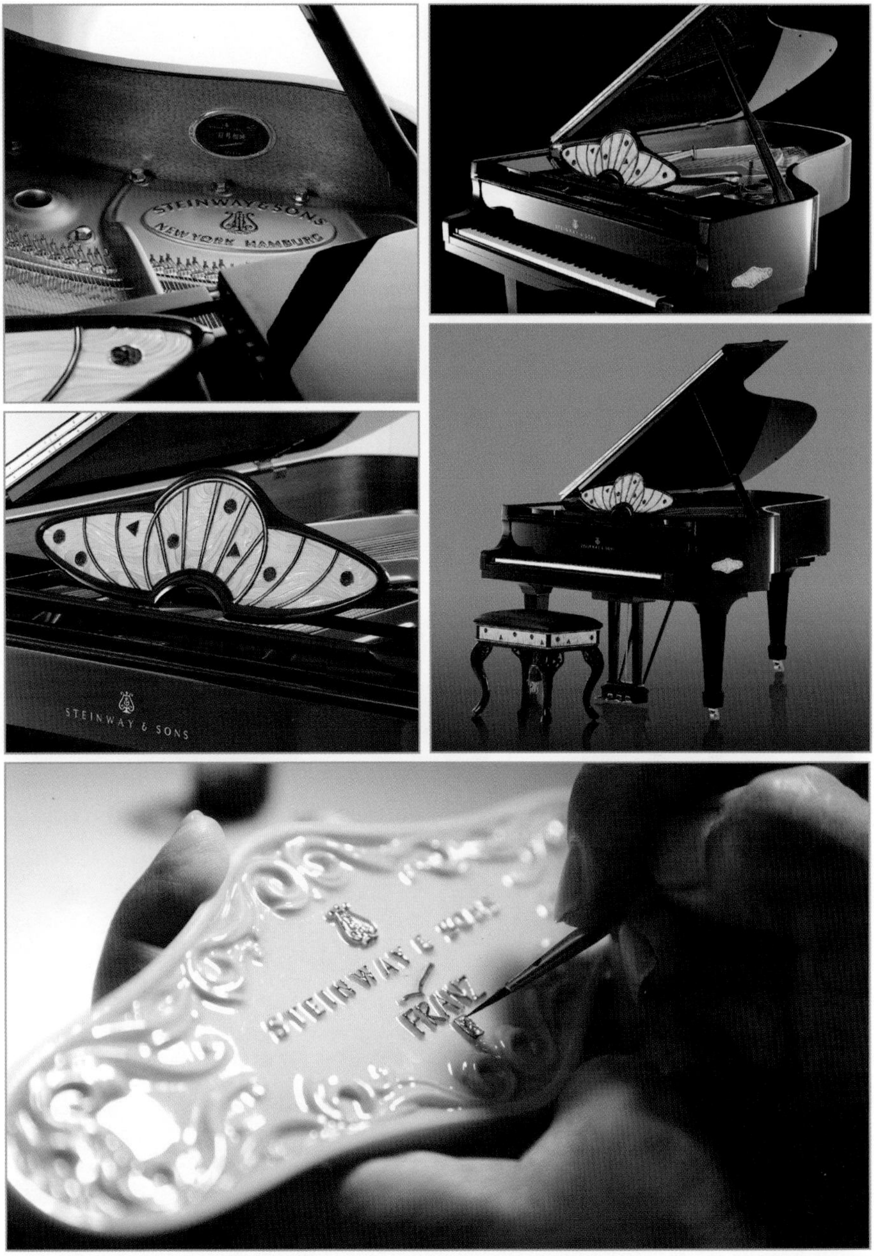

● 結合當代科技與文化藝術的力量，以3D陶瓷列印技術融合完美瓷藝，與史坦威鋼琴聯名打造「日月相映」限量鋼琴。

• 以文化力跨越國界，致贈「貴器天成」花瓶予法國總理瓦爾。

● 攝影、文學與瓷藝的跨界合作，與國際攝影大師柯錫杰、現代詩人鄭愁予攜手打造「金海」瓷品。

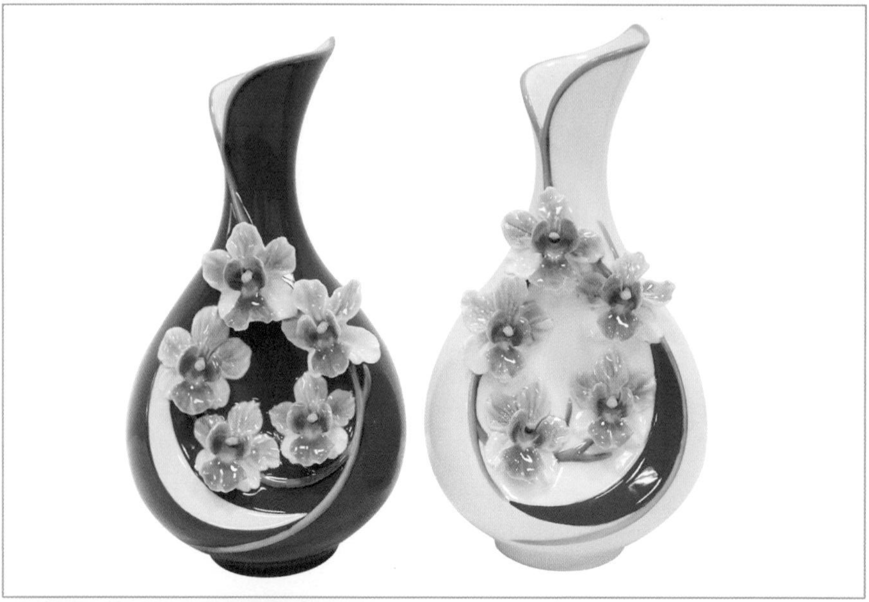

• 新加坡前總統納丹（S.R. Nathan）曾言：「瓷器，就像國家。」法藍瓷受邀為新加坡打造建國50周年對瓶「萬代昌盛」。

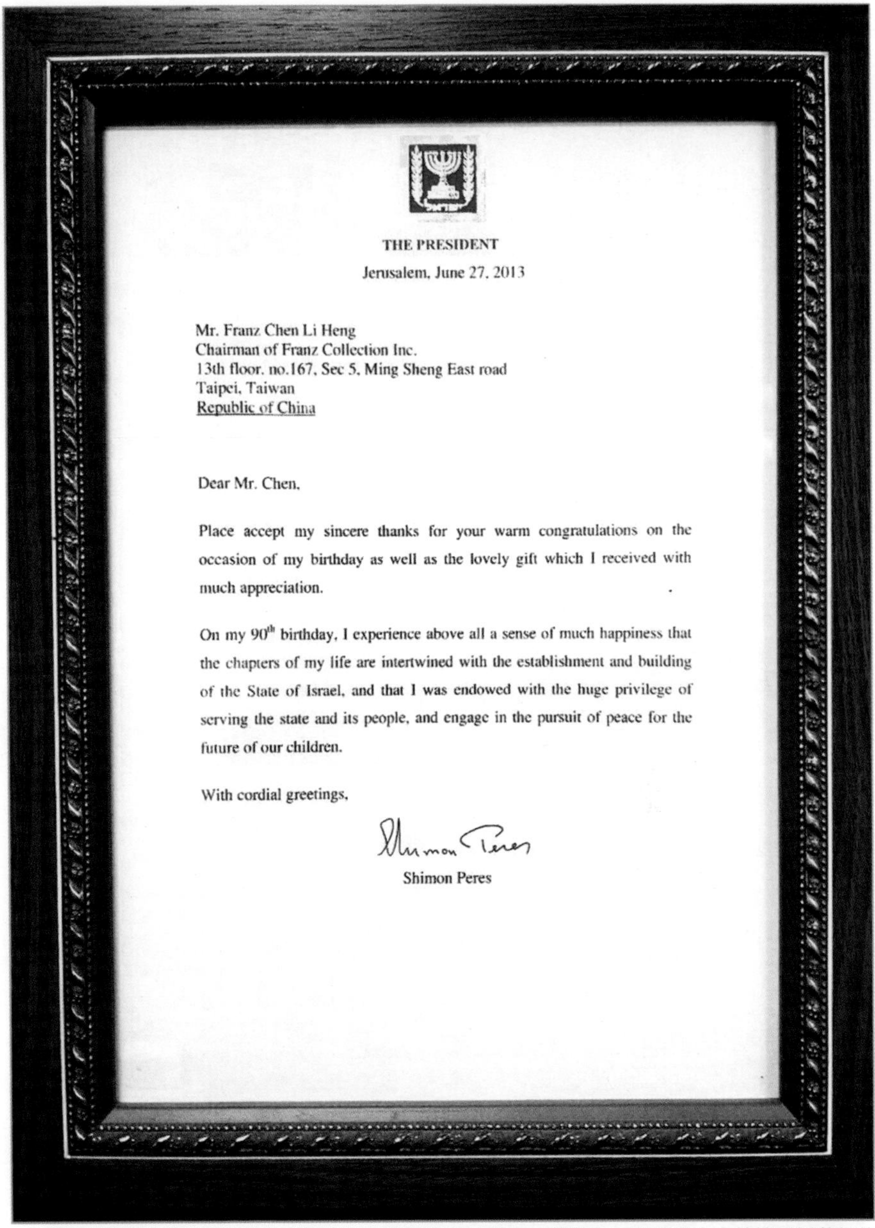

THE PRESIDENT

Jerusalem, June 27, 2013

Mr. Franz Chen Li Heng
Chairman of Franz Collection Inc.
13th floor, no.167, Sec 5, Ming Sheng East road
Taipei, Taiwan
Republic of China

Dear Mr. Chen,

Place accept my sincere thanks for your warm congratulations on the occasion of my birthday as well as the lovely gift which I received with much appreciation.

On my 90th birthday, I experience above all a sense of much happiness that the chapters of my life are intertwined with the establishment and building of the State of Israel, and that I was endowed with the huge privilege of serving the state and its people, and engage in the pursuit of peace for the future of our children.

With cordial greetings,

Shimon Peres

- 以色列前總統裴瑞斯於2013年致法藍瓷的親筆感謝函。若擁有一群具備人文情懷且視藝術為生活必需的菁英與領導階層，能夠為一個國家民族的發展，帶來多麼巨大且正面的影響力。

• 陳立恆與孫志文神父合影。「堅持初衷、止於至善」，任何人都有能力做一個平凡的聖人，是孫神父給我們上的最後一課。

- 走出國界，以品牌立足國際。陳立恆總裁受邀前往英國瓷都Stoke-on-Trent擔任全球陶瓷設計比賽Future Lights的評審且發表演說，接續受邀至全球排名第一的牛津大學演講，促進東西方文化交流。

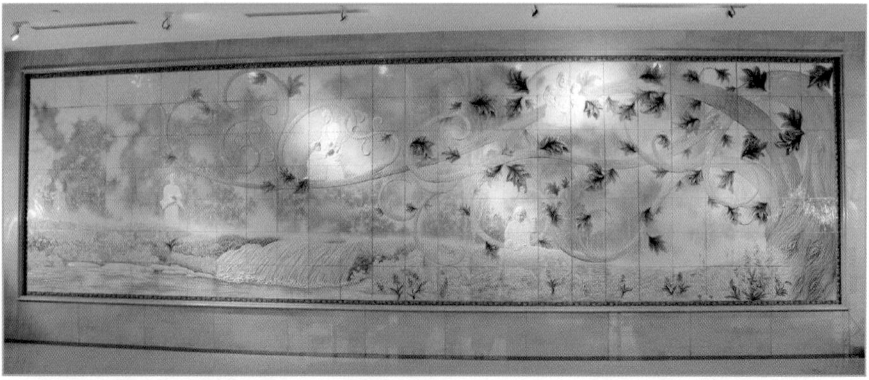

- 慈善基因，是企業抗衰老的秘密。身為輔大校友的法藍瓷陳立恆總裁因感念母校，並認同基督博愛理念，故捐贈價值上億元的「生命之樹」瓷牆予輔大醫院，實現「醫院治病，藝術療心」之宏願。

• 法藍瓷獲得Icon Honors的貢獻大獎（Contribution Honors），該獎由AmericasMart所頒發，為禮品家飾品業的世界最高殊榮，表揚對該產業中極大貢獻的代表人物與企業，這也是該獎開辦九年來，首度由華人品牌摘下大獎。

• 自2012年起，法藍瓷推動「想像計畫」，號召年輕人以創意與自身所學，提供偏鄉學校孩童藝術美感教育等課程，啟發想像，豐富生活。

- 運用當代科技，打造跨世代作品。推出史上最迷你的微雕陶瓷飾品：「美夢成真」系列。首度採用全3D陶瓷列印，結合手工釉下彩繪，打造富含童趣與想像力的青蛙王子，帶來永不褪色的祝福。

● 深耕國際設計教育，舉辦十年「法藍瓷陶瓷設計大賽」轉型國際陶瓷獎學金「法藍瓷光點計畫」。

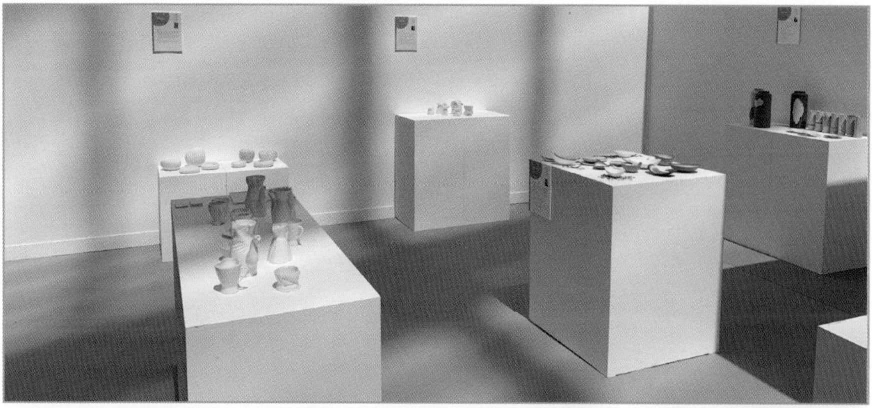

- 法國藝術家協會也與法藍瓷一同攜手培育陶瓷設計新星，提供由法藍瓷主辦的國際學生陶瓷設計獎學金──光點計畫獲獎作品登上2019年工藝和設計雙年展（Révélátions），向來自世界各地近4萬名的參觀者展現年輕學子們的精彩作品。

- 法藍瓷邀請來自各國的藝術家，至景德園區進行駐村創作活動與兩岸設計學子互動交流。藉著東西異地文化間的交流及切磋，使來自於不同背景的陶藝家們，更進一步碰撞出截然不同的創意新視野，更讓千年陶瓷文化延續下去。

● 將品牌歷年最具代表的百件瓷品集結成冊出版《法藍瓷・經典一百》，於國內獲台灣國家圖書館、台南美術館收錄，在海外亦榮膺國際指標性之圖書館、博物館、學院典藏，包括柏林國家圖書館、德國陶瓷博物館、美國國會圖書館、休士頓美術館、義大利法恩扎國際陶瓷博物館、義大利羅馬工藝美術高等學院等，留下華人於廿一世紀創下的「新瓷器時代」紀錄。

A découvrir : deux pièces exceptionnelles, directement arrivées de Taïwan

La directrice du Musée Sarah Vallin s'est rendue en Chine en décembre 2012 sur l'invitation de Mme Su Meiyu qui œuvre pour le rapprochement des institutions muséales Taïwanaises et du Nord de la France.
C'est à cette occasion, qu'elle rencontre M. Francis Chen, fondateur de Franz Collection INC. Celui-ci est à la tête d'une des manufactures les plus innovantes dans la production porcelainière.
Pour la conception, le site de Taïwan utilise des technologies de pointe telle l'impression de modèles en 3D avec pastillage en argile pour les décors en relief. Le site de production se situe lui en Chine continentale à Jingdezhen, capitale de la porcelaine depuis des millénaires. Franz Collection qui associe nouvelles technologies et savoir-faire manuel ancestral a accepté d'exposer au Musée deux pièces exceptionnelles : un modèle de vase en résine réalisé par une imprimante 3D ainsi que son tirage en porcelaine.

- 法藍瓷於品牌創立之初，即導入3D立體列印於瓷品開發，運用科技的力量作為後盾，結合傳統手工雕塑打造作品。創新的模式，更受邀到法國代夫勒陶瓷博物館 Desvres Ceramics Museum進行展示。

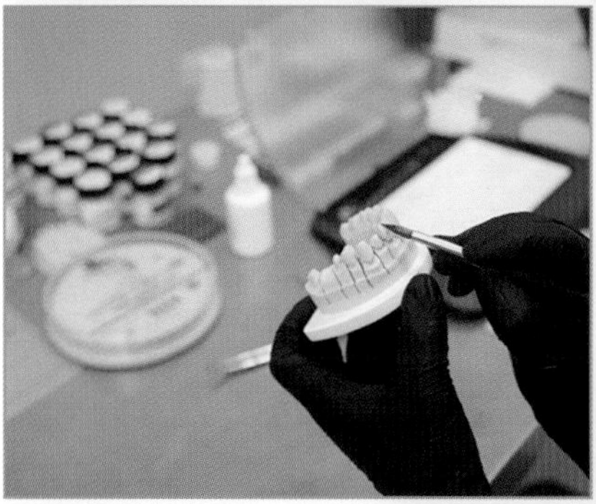

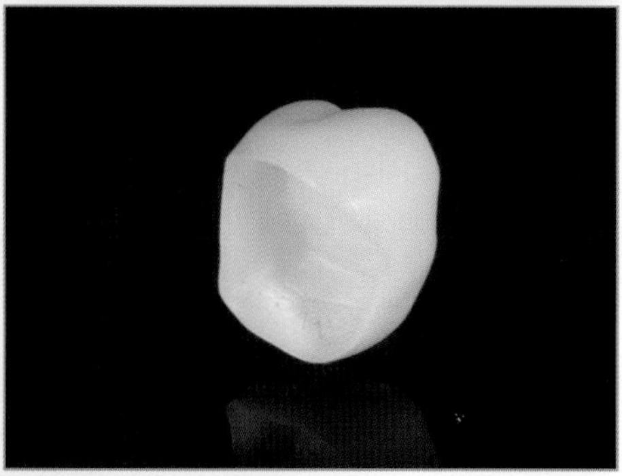

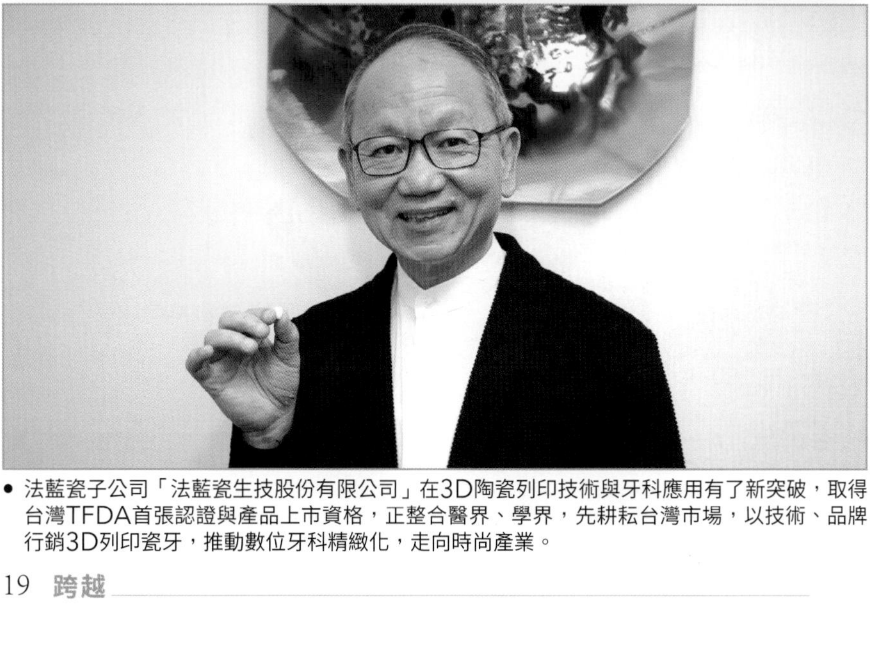

- 法藍瓷子公司「法藍瓷生技股份有限公司」在3D陶瓷列印技術與牙科應用有了新突破，取得台灣TFDA首張認證與產品上市資格，正整合醫界、學界，先耕耘台灣市場，以技術、品牌行銷3D列印瓷牙，推動數位牙科精緻化，走向時尚產業。

- 法藍瓷與馬祖酒廠攜手推出「夢幻藍眼淚」，引起市場熱烈響應，預購首日即銷售一空。此為法藍瓷創辦20周年，轉型進攻年輕人市場的第一件代表作，周邊之網路行銷活動亦力求年輕化，成功跨出既有之消費族群。

#【目錄】

卷一 台灣×世界

卷二 世界×創新

推薦序①

從陳立恆的FRANZ觀點到台灣的星光與想像

撰文：吳靜吉

政大創造力講座名譽教授／國立中山大學榮譽講座教授

陳立恆先生「期待能藉著這本書，讓更多人願意……跨越島嶼、世界、價值與未來，發現屬於自己的星光與想像。」他的確是「從音樂、餐飲、貿易、製造、品牌、協會、科技等領域」的體驗中發現星光與想像。

最近他因「突破精密陶瓷3D列印技術」的界線，希望能夠與必須結合科技和人文的科技部分享法藍瓷跨越島嶼的星光與想像。

二〇一〇年，現任科技部吳政忠部長主持的教育部「智慧生活整合性人才培育計畫」和政大教育學系詹志禹教授主持的「未來想像人才培育計畫」，分別準備訪問英國和芬蘭，吸取經驗。

因緣際會，這兩個計畫打破以前「兄弟爬山，各自努力」的慣習，結伴赴歐參訪。有了這樣的前導經驗，當陳立恆告訴我法藍瓷的3D列印技術時，我們都覺得可以跟科技部分享。這項技術對世界的科技而言，不是護國神山，但就像建築師黑川雅之所描繪的日本美學意識中的「微」一樣，是在「珍惜眼前瞬間並相互體諒」，「由細微處掌握並體現全體」。

中華民國已過了曾是聯合國五個常任理事國比大比多的歷史，必須面對局限資源，擁抱優點、喚醒被遺忘的美好，跨越困境，進而創意組合科技和人文、發揮延展力。精準定位，驚喜發現屬於台灣的星光與想像。

亞馬遜創辦人貝佐斯決定接手華盛頓郵報時，採取了「重要機構」的角度來檢視《郵報》，相信「《郵報》是全世界最重要國家的首都出刊的報紙」，「必須轉型成全國性和全球化的刊物。」

3D列印技術、法藍瓷作品、陳立恆這位擅長跨越的企業家，可以催促我們重新檢視台灣在世界的定位。

普林斯頓大學已故經濟學教授亞倫克魯格，擔任歐巴馬經濟顧問委員會主席應邀演講時，運用音樂產業發展的比喻，提出搖滾經濟學的概念。他「發現音樂產業是很適合用來觀察經濟原理的實驗場域」，其中一個原理為「規模經濟與不可替代性，是打造超級巨星的兩大要素」。

以色列、芬蘭、瑞士和荷蘭，人口比台灣少，但是他們各有自己不可替代的優點，在世界舞臺上從小事見格局、細節看整體。期待我們從陳立恆的FRANZ跨越觀點，展現屬於台灣自己的星光與想像。

推薦序②

白孔雀的內涵

撰文：林蒼生
三三企業交流會顧問／統一集團前總裁

我曾為法藍瓷的「白孔雀」寫了一首小詩：

白孔雀
白是我的最愛，
為了維護我一身的白，我必須學會
以全部心力，使自己飛得更快，更敏銳，使自己更潔淨，
在叢林中飛翔，遨遊，而不被污染或擒獲
這並不是一件簡單的事，但我終於完成，因為我心不旁騖，
只想著白

法藍瓷是一個不一樣的企業，其作品件件精緻，而且常會有某種講不清楚的韻味，閃耀而出，觸動人的心靈。使人靈思泉湧，非常喜愛。所以，常被用來當做禮物，贈送國家級領導。

聽說，當年絲路因瓷器及茶葉而興盛起來，使景德鎮威名四播，而後西方有模仿品「骨瓷」出現，逐漸取代昂貴的景瓷，甚至也由絲路回銷東方，造成清後景德鎮的衰落。茶葉也一樣，當東方茶葉成為西方貴婦下午茶的最愛，不久，像立頓紅茶之類的平價品，以現代化包裝與行銷，也由絲路回銷東方競爭。

瓷器與茶葉在絲路的變化，造成清後經濟與國力衰微。如今，陳立恆很有信心地說，法藍瓷又轉變了絲路的走向，把東方的驕傲在西方發揚開來。沒想到，一件商品的背後，還可挖出那麼多的文化故事。我很好奇，什麼因素能使商品有這麼大威力？

答案在商品的內涵。內涵是一種形而上的理念，理念在商品中，會使商品微微發光。那光來自企業家的理念。企業家的理念，表現於外，可以有多方面的呈現。我欣賞法藍瓷，不止因為它改變了千百年來的瓷藝傳統，由平面而為立體浮雕。並且主題與設計，再加上企業家的胸懷，在在都是成敗的關鍵。而且那胸懷也可以是一種社會關懷，用文章寫出來來帶動社會的進化。

這本書是陳立恆在創造了絲路反轉的文化故事之餘，寫下來的社會關懷，我們要欣賞學習的是兩者背後的內涵，這是我想為這本書寫介紹，也為法藍瓷的「白孔雀」寫小詩的原因。

朋友，好好閱讀吧！希望你會是下一個有內涵的企業家。

是為序。

幸福珍藏-白孔雀瓷瓶

推薦序③

為文化與科技跨域共創價值做出貢獻

撰文：施振榮
宏碁集團創辦人／科文双融董事長

認識陳總裁是從他所創設的「法藍瓷」（Franz）品牌瓷器開始，至今已將近十七個年頭。我當時從宏碁集團退休後，常受邀為企業或組織機構演講，演講結束後經常收到致贈留念的禮品就是「法藍瓷」兼具文化、藝術及科技結合的精緻瓷器，目前在我家客廳與進門的梯廳也都有擺設。

後來，我接到陳總裁的電話，他提議大家可以一起為台灣的文化科技發展在國際上合作，讓台灣的文化科技也能在國際舞台上發光發熱，與世界交流，我們對此目標及願景都有相同的想法與共識。

剛開始時，我常受邀參加他舉辦的音樂會，後來我開設「王道薪傳班」推動華人企業的領導人傳承，也特別邀請他來演講，分享他對追求「真、善、美」的看法，如同他所說：「科技求真、人文求善、藝術求美」，這也是他經營法藍瓷的品牌理念，希望能帶領華人看見自身文化的美，更將這份藝術推廣到國際。

後來為推動文化與科技的跨域整合，由文化部支持成立「文化科技發展聯盟」，並由我與陳總裁代表民間業界擔任正、副召集人，文化科技聯盟也是國內跨部門、跨產業的文化與科技整合的重要平台，攜手推動台灣的文化科技產業發展。

之後為了能有效落實推動台灣文化與科技整合，打造新體驗經濟，同時也期待能為現有的藝文生態帶來新的改變，因此在二〇一九年底正式成立科文双融公司，並由我與陳總裁分別擔任董事長與副董事長，一起為推動文化科技跨域創造價值攜手打拚。

陳總裁的創業歷程，從音樂人，後來投入禮品領域，再到創立「法藍瓷」品牌，將人文、藝術、科技等元素做了最佳的結合，將瓷器的發展帶給世界新的視野，如今他更進一步突破，將瓷器結合3D列印科技，應用在牙齒領域，十分創新。

他一路走來，不斷跨越，追求創新與突破，從台灣到世界，從過去到現在再到未來，並以他獨特的見解與觀點讓台灣在國際上做出具體的貢獻。在此將本書推薦給各位讀者，也希望大家一起為台灣未來的發展共同努力！

推薦序④

以前瞻的心進入新境界

口述：徐小波
宇智顧問股份有限公司董事長／時代基金會創辦人
整理：紀思羽

我認識陳立恆是在他大學的時候，一轉眼，彼此熟識四十多年了。我還記得他嬉皮時代——長髮披肩、背著吉他的模樣，即使現在頭髮少了許多，但永遠不變的是他的赤子之心、不設限的創意思考與幹勁滿滿的執行能力。

《跨越——過去現在未來，陳立恆的FRANZ觀點》這本書匯集他近年來的切身感觸、對於人文、文化、世界的深廣思考，對中華文化的體念，對全球局勢的感受，同時這本書也代表二次大戰後「嬰兒潮時代」的學習、掙扎、創業、參與台灣經濟成長的過程，以及各個不同階段代表性的成長與歷練。

世界的挑戰和機會，相互伴隨而至，同時排山倒海而來。全球正面對共同的難題，諸如農業發展、糧食問題、食物安全問題；面對快速致富的時代，貧富不均導致社會不和諧；現代化醫療保健制度的建立以確保全民健康；教育制度的現代化以培育能夠獨立及創意思考的青年；經濟及金融制度的現代化以確保中產階級成為社會和經濟持續穩定的中流砥柱；政治制度的現代化讓社會形成多元表達的民主體制；法律制度的現代化以維護一個具有公平正義的法治社會。

「危機」，聽起來令人驚心動魄，避之唯恐不及，其實不然，「危」代表風險、「機」代表機會。以上種種「危機」提供給大家參考，期盼讀者們以冷靜的思考評估資訊與現況，以前瞻的心進入新境界。

書中提到Stakeholder Capitalism，與我多年致力的方向不謀而合。Stakeholder Capitalism是一套Ideology，傾向企業全方位的量身打造與真正永續發展的模式。新冠疫情彰顯Stakeholder Capitalism的重要性，企業對待七大區塊，包括員工、客戶、供應商、消費者、社會和環境的方式，受到媒體和政府前所未有放大鏡的審查。綜觀台灣立法史，即使歷經數次政黨輪替，但執政黨和在野黨有著不可磨滅的共業，共同推動和促成勞工權益、消費者保障、不受環境破壞之苦的法案等，台灣推動Stakeholder Capitalism儼然成形。有著幾十年的奠基，台灣有望成為推動Stakeholder Capitalism的典範。

《跨越——過去現在未來，陳立恆的FRANZ觀點》的內容，跨時代、跨領域、跨文化、跨語言藩籬、跨地域限制。這本書的每篇文章真正體現牛津字典的新名詞：「Woke Culture」（覺醒文化），把讀者導入Woke Culture，真正了解和反思我們如何融入未來的世界與可能面臨的危機。所以，我慎重地把這本書推薦給全世界的年輕世代及全世界的Woke Generation。

推薦序⑤

創意與信念

撰文：黃光男
藝術家／前行政院政務委員

寫在《跨越——過去現在未來，陳立恆的FRANZ觀點》新書出版前。

三十年前，當一群人為文化創意產業理念，推展相關工作時，往往尋求在國內的標竿人物，雖然都有大小不同的成就者，但具備「靈性創意，實踐信念」者，卻是難以翰撰春元。

但在一次文化美學會議上，漢寶德先生說：「來！我帶你去參觀法藍瓷公司，認識這個公司的創業者——陳立恆先生的事業。」便明白一位有理想、有方法、有品質、有發展的睿智者，是如何掌握時空條件，並依據為國際事業的文創產公司。

自此，我開始投入了學習與讚賞行列，也掌握到文創產的意涵與價值。在陳立恆先生的事業中，並不只三十年才開始規劃與實踐，而是半世紀之前，他便思索如何將文化的底蘊為基礎，推行以文化標記或文化濃度作為商品的原素。當信念正向，前賢文士所蘊念的文化特質被發掘後，以中華文化特質的瓷器為行銷全球時，已經歷了數千年之久，甚至影響了全球人類生活品味與審美習慣。

基於文創產著重在「產業」上的要求，陳立恆先生洞悉人生的情愫，以及美感生活的需要，毅然決定以「瓷品」作為產業的元素，開始研究如何應用老祖宗的傳統經驗，創造現代的人文精神，結合時代與科技的組合，重啟東方美學的特質，開啟新的優質文化產業。包括了禮品、裝飾品、使用品，在多元的創意中，有了新品味、新視覺、新文化的品牌。

或許我應該說的是，因為從事博物館工作，得需在國際相關重要場所參訪。他們要我參觀的場所，除了館務工作外，就是法藍瓷的現代產品。甚為感動的是這些文化人的家裡擺設，也以法藍瓷的產品為榮。還有的事業體爭相要與法藍瓷公司聯繫，種種現代藝術品質的被肯定，才明白陳立恆先生的公司，遍及兩岸、行銷至全球的魅力。

當我靜默欣賞陳立恆先生的事業成功時，原來他不斷地充實新知識，力求永續經營的力道與理想。除了看過他曾出版過的《玩美法藍瓷》與《淬煉》之後，發現他領導的藝術是：

「一位領袖的知識，必須簡潔而清晰。是由經驗得來，並曾去實行而證明其有效。」——莫洛亞（A. Maria）的話。也再次了解他工作的藝術，竟然把工作中的讀書列為重要的途徑。所以看他在媒介的宏論，豈只是讀書心得，而是作為工作的厚實力量。

那麼，新書中的三個部分：「台灣X世界」說明我們是國際社會的一份子，如何應對時代、環境的變易而盡心；「世界X創新」是全球的核心，如借古開今，創立文創產是世界產業的主調；「創新X未來」要突破現狀的困境，以理想與信心，共同為全體人類謀幸福業。

陳立恆先生思維清朗，行動敏捷，理想高雅，對於民族、歷史、文化、社會的核心為基調，期能在跨領域、跨國際、跨時空提出對人類利益的文化創意產業，將是赤虹化育的貢獻。

前言

我們要跨越什麼？

十年，於我又是一場跨越。

半個世紀的創業歷程中，從音樂、餐飲、貿易、製造、品牌、協會、科技等等領域，無論前方風光幾何，我永遠堅持一步又一步，跨越今天的舒適圈，感受明天的異溫層，十年前的《玩美》一書是藉由法藍瓷十周年的機緣，和大家分享從代工製造到品牌創造的前世今生，其後二〇一四年的《淬煉》則是一腔剖析台灣文創與產業環境的反思自省，而十年後的當前，在法藍瓷雙十年華的二〇二一，我嘗試跨出品牌與文創的地平線，探索科文互融與家國未來的天際線。

然而，回首二〇一四年以來的篇幅點滴，我看到的不是溫故知新的趣味，卻是有退無進的悵然。雖然經歷了結構性的全球化緊縮與突發性的病毒大流行，我們身處的這片土地還在我們這些年針砭疾呼的一切裡依然故我，舉其中反響最大的一篇〈五缺六失，這是愛台灣的方式？〉為例，荏苒六年之後，台灣還是一邊「缺水、缺電、缺工、缺地、缺人才」，一邊「政府失能、社會失序、國會失職、經濟失調、世代失落、國家失去總體目標」，從萊豬、核食、藻礁、旱災、疫苗、軍備到台鐵事故，當社會氛圍已經對於以「愛台灣」之名，行「悖道缺德」之事不能明辨也無動於衷時，我們又怎麼能奢望台灣可以繼續立足海峽百年，鐵骨崢嶸、國強民富？

改變五缺六失的困境，我們需要進行的工程何其浩瀚，而浩瀚工程裡的第一步就是跨越台灣的島嶼思維，因為在二、三十年來意識形態的操作下，許多人只願意用這座島嶼的方圓來衡量一切事物的對錯，孰不知當我們唯有踏出「只緣身在此山中」的島嶼格局，才能夠看清身為大國競賽中一枚工具棋子的身不由己，重建一個無往而不利的世界觀。

可是跨過島嶼，卻不一定代表我們可以跨進世界主流，世界是一場流動的盛宴，也是一座幻變的險灘，畢竟在這個熵增的宇宙裡，整個星空都希望我們成為一個平凡的存在，而在現代歷史中，本身條件不佳，卻可以避開險灘、享受盛宴的成功國家，莫過於新加坡與以色列，他們對於文化、經貿、科技、教育等方面的創新努力，正是我們需要跨越的未來。

誠然，我們的過去未過，可是世界的未來已來，廿一世紀的人類，可以期待飛出地球到火星殖民的一天，但是面對一個民主制度與環境變化都面目全非的時代，人文精神與金融資本的拉鋸，科技發展與工藝傳承的消長，地球資源與消費經濟的對峙，「以人為本」的價值取向同樣面臨了巨大的挑戰，我不知道相關利益者資本主義（Stakeholder Capitalism）是否可以成為這顆日漸瘋狂的地球的一帖良藥，但我相信當天空不再是人類的極限之際，「古往今來謂之宙，上下四方謂之宇」的無限之外，永遠存在一個值得我們以及未來無數的青年世代去跨越熵增、追求美好的星光與想像。

我正是期待能藉著這本書，讓更多人願意跨出舒適圈，感受異溫層，跨越島嶼、世界、創新與未來，發現屬於自己的星光與想像。

卷　一

台灣×世界

卷首語

跨越‧島嶼之外

狹隘的島嶼格局困住了我們遼闊的海洋精神，這就是台灣真正的困境，二十年來，從未改變。

在〈一個字，決定台灣的繁華或蒼涼〉文中，我寫到二〇一五年馬習會之後，歐洲友人WZ預測馬習會應該是最後一次兩岸勉強平起平坐的公開會面，從此以後，不需要大陸特別施壓，台灣一定會慢慢被邊緣化，直到沒有任何談判籌碼為止，他的預測，今天看來，是也非也，近年來台灣在經濟、文化、科技、教育等方面的國際影響力確實逐漸邊緣化，但在軍事戰略方面的國際能見度卻日益凸顯化，台灣不見得沒有談判籌碼，問題在於我們自甘於成為牌桌上被動的籌碼，而不是拿著籌碼主動出擊的玩家。

台灣有太多人長期在意識形態的操作下，失去了原有的海洋精神，只願意用一座島嶼的方圓來衡量一切的對錯，好像任何人站在一個超越島嶼的格局看待事情，就是居心叵測、就是不愛台灣，無論是彼時還是此刻，我都想邀請他們將眼光跨越到島嶼格局之外的客觀時空，例如，認真看看我們的新南向，再仔細看看新南向區域裡台灣的真實處境；認真看看我們的前瞻計畫，再仔細看看世界上有抱負的國家紛紛將資源投注在軍火外交、輕軌交通以外的高精科技與基礎教育，因為前者的貪污腐敗的空間大卻對未來發展的貢獻小，後者卻正好相反，如此兩相對比之後，他們還對台灣未來信心滿滿的話，那台灣未來真的就沒有什麼未來可談了。

然而，我知道讓這些人跨越島嶼格局來看待台灣前途絕非易事，因此我也一直思索，究竟是什麼樣的機緣或者養成，讓台灣從經濟奇蹟之後一路走來變得如此淺薄、卻又如此自信？在我看來，就是過去廿年來從教育體系到社會共識的偏移撕裂，造成了台灣今天的故步自封與剛愎自用。我常常拿新加坡與以色列這兩個例子作為標竿，比起台灣更為先天不足的新加坡，建設發展令其鄰國馬來西亞望塵莫及，地球另一端的以色列資源匱乏、族群複雜、強敵環伺，可是他們在國際社會的影響力所向披靡。

誠然，促成他們成功的原因不一而足，但其中關鍵都存乎於他們的軟實力：新加坡的法治與以色列的信仰，在各自國內形成一種超越黨派、族群、語言、立場的國家自信，讓他們不會拘泥於小國寡民的眼界，所以除了科技、工業、經濟與政治的4.0，台灣更需要道德教育與文化思維的4.0，因為去中國化的錯誤政策，我們失去了原本可以乘載國家自信的人文建設，造成如今舉國上下「不著其義，不考其信，不著有過，失仁不讓，示民無常」的混亂景象，如此景象不只混亂社會，更蒙蔽了年輕世代的企圖心、想像力、包容性與國際觀。

因此，台灣需要跨越，到島嶼之外，站在一個可以平等俯瞰兩岸與世界的角度，找回海洋精神與人文建設的天空海闊。

1 格局，島嶼之外的無限天光

有人說，台灣人是海島性格，懂得面朝大海，在春暖花開裡，胸懷地平線之外的世界，但二〇一四年島上發生了許多事①，都令人不禁惆悵我們的海島性格，曾幾何時已經窄化成了一種茶壺風暴式的掐井之爭，彷彿島嶼之外的山川歲月，皆是可以忽略不計的存在。然而，當我們的視野裡只剩下一座島嶼，那我們和〈莊子．秋水〉的那隻青蛙又有何分別？

就在島嶼的彼岸，曾經是陸地性格代表的他們，如今卻比海島性格的我們還更懂得探索地平線之外的世界。一位朋友曾介紹我認識了一名香港旅行社的老闆，天南地北之間，他扼腕著最近丟失了一筆大單，是大陸一所知名學院EMBA的畢業旅行，行程包括會見中東一國家總理與一眾重量級人物，根據他的形容，安排學員與某國家元首見面幾乎像和迪士尼米老鼠拍照一樣家常便飯，反而因為他的報價稍微失了準頭，就讓另一家旅行社搶走生意。

這位香港老闆的偌大口氣一直讓我半信半疑，直到數天後，法國一知名公關公司Havas派來代表與我聯繫，表示大陸最大的民營IT企業高層最近對奢侈品行業產生興趣，輾轉得知我和法國奢侈品協會（Comité Colbert）頗有往來，希望請我幫忙接洽某些國際級奢侈品牌的業者，還籌畫在羅浮宮內舉行一場文化交流宴會，我才驚覺，這些乍聽之下氣魄之餘又有些不可思議的想法，對於彼岸來說儼然已成為一種常態，據悉各方回應出奇熱絡，才幾天的光景，花都裡排得上名號的精品品牌連連表示出興趣，也許還有可能請出羅浮宮館長來主持晚宴。

對於一個島嶼而言，最大的財富不是土地，而是海洋，是海洋之外的遼闊，是放得下島嶼、彼岸與世界的寬廣格局⋯⋯

我出乎意料卻也十分明白，對岸在改變路線，世界也在調整心態，他們都努力地活在廿一世紀全球競合的當下，相形之下，我們還在為半個世紀前的昨是今非，以及意識形態的圍堵攻訐而愁腸百結，顯然似乎缺少了時代精神。

不僅如此，身邊某些人聽了這兩則事例後，嗤嗤然不以為奇，覺得有錢能使鬼推磨，他們不過就是一群變著花樣炫富的土豪客，挾著大國崛起的雄厚財力，連一向姿態甚高的法國人都不得不放下身段。可是現實就是現實，這場全球競合裡的籌碼注數與遊戲規則，早已超越了台灣的安於現況，非關錢財，而是企圖心、想像力、包容性、國際觀等一切的集合體，簡單的說，就是輸在格局。

雖然我們自豪於我們的海島性格，卻常在意識形態的操作下，只願意用一座島嶼的方圓來衡量一切的對錯，好像任何人站在一個超越島嶼的格局看待事情，就是居心叵測，其實，對於一個島嶼而言，最大的財富不是土地，而是海洋，是海洋之外的遼闊，是放得下島嶼、彼岸與世界的寬廣格局，不是為了哪一個國家的元首或是某一場殿堂的晚宴，而是從腹地千里的格局裡，迎來照亮所有島內宇外的無限天光。唯有如此，台灣的天色，才算是真正亮了起來。

編按①：意指二〇一四年三月十八日發生的太陽花學運，上百名學生闖進立法院占領議場，要求服貿逐條審查，對台灣政治發展產生很深的影響。

2 不是不能而是不自求

很久很久以前，就流行著一句話：「新加坡能，為什麼台灣不能？」此話言猶在耳，轉眼快廿年，直至前陣子聽到了一席話，讓我明白為什麼我們不能。

友人曾引見我認識一位新加坡的政治人物，退下舞台多年卻還為他的國家盡心。當天，只見一名精神矍鑠的老者笑容可掬地坐在我的面前，一點也感覺不出來已年逾耄耋，他顯然十分清楚我的背景，迎面的第一句話竟是：「我們新加坡能有今天，第一個就應該感謝你們中華民國。」老先生使用的是英語，而我做了幾十年的國際貿易，已經很久沒有聽到有人用如此正式的英文名字稱呼，倍覺新鮮親切。

按照老先生說法，如果不是當年台灣率先伸出援手，提供資源與接納訓練星光部隊，新加坡建軍行動不會如此順利。當然，除了中華民國，他們也感謝以色列與汶萊，因為前者提供了坦克車等武裝軍備，而後者則提供了珍貴的石油能源，假使沒有這些馳援，這個以華人為主要群體的東南亞小國，恐怕早在羽翼尚未豐滿之前就被周圍大國給兼併掉了，如此一來，今天世界上也不會出現神話一般的新加坡奇蹟，以及如傳說一般的淡馬錫控股。

正因如此得來不易，所以新加坡政府一直以風雨憂患的心情，在相對無比安樂的政經情況下，繼續步步為營。

也許是因為二〇一五年即將迎來新加坡建國五十周年紀念，老先生在言談間充滿了難掩驕傲的思古幽情，他知道我的陶瓷事業，也知道我將瓷器與愛情比喻成兩樣極其相似的東西，因為它們一樣的美好、一樣的脆弱、一樣的需要我們用盡氣力投入，才能照耀出它應有的絢麗光彩。

然而，老先生另有自己的看法，他認為像瓷器的不只愛情，也是國家，他以新加坡為例，從不同的種族裡尋求團結，並從不同的強鄰之間取得平衡，如同融合瓷器中不同性質的原料，再費盡百工水火的心神氣力，才能打造

如果我們不能先反求諸己，成為一群愛國家、明是非、講廉能的公民，那「新加坡能，為什麼台灣不能」，將永遠是一個問號。

成一件人間難得之作，但倘使一有閃失，即使堅定繁榮如新加坡，亦可能於朝夕之間千崩百裂，屆時再如何拼湊黏補，再也不可能回復初時風采。

許多人批評新加坡的專制保守與不通情理，關於這一點，老先生承認不諱，但對於其國家施政的支持分寸不讓，他表示新加坡採取對國內嚴厲，對國際開放的基本路線，而且非常實際主義，他們絕對不會因為民眾輿論，就放棄嚴刑峻法；也不會因為某個團體抗議，就擱置石化工業；更不會因為李光耀討厭賭場，就否決濱海灣酒店，一言蔽之，在任何情況之下，新加坡政府的決議與執行，永遠凌駕於輿論抗衡與小眾利益之上。

末了，他直問我，台灣高談自由民主，卻只見民粹的喧譁，不見一個魄力政府的雷厲風行，如此虛有其表的自由民主究竟能走多遠？

老先生的炯炯目光裡，分明閃爍著他對舊日盟友的恨鐵不成鋼。誠然，台灣不是不能，而是過去廿年來，台灣人的心神氣力，都被少數投機政客與利益團體，假自由民主之名，浪費在挑撥國家認同、虛耗公私資源以及犧牲國家發展之上，所以，面對老先生的直率，我發現，什麼樣的公民造就什麼樣的國家。如果我們不能先反求諸己，成為一群愛國家、明是非、講廉能的公民，那「新加坡能，為什麼台灣不能」，將永遠是一個問號。

3 最後一堂課——紀孫志文神父

一九七〇年，我成為輔大德文系的新生。

雖然稱不上桀敖不馴，但在那個保守戒慎的年代，我一直做不來一名傳統定義下的好學生。在德文系的第一堂課裡，我遇見了孫志文（Arnold Sprenger）神父，這位神態瀟灑的「阿逗仔」提議先替每一個人取一個德文名字，此舉立刻挑起了我的反動神經，見識尚淺的我當場反對，覺得那些約翰、瑪麗亞之儔的名字，不過是幾個外文字母七拼八湊出來，遠不如中文名字寓意明確深長，於是擺出一副敬謝不敏的抗拒。

他完全沒有表現出我預期的著惱或是訓斥，反而嘉許了一番我的思辨精神，然後認真地向大家介紹各種西洋名字的起源內涵，還仔細替我挑選了Franz這個名字，因為其含義為自由與創意，在他看來很符合我的性格。不僅如此，身為手風琴好手的他，當得知我也愛好音樂，會玩一點吉他之後，甚至破格「提拔」，讓我以新生的身分在迎新會上表演，進而一戰成名，得以籌組輔大第一個西洋音樂社，搖身變為校園風雲人物。

那是孫神父替我上的第一堂課，讓我曾經無處安放的年少狂狷，得到了鼓勵、指引與出口，也學會了以平等尊重的態度，去理解世界上所有的知識學問以及面對一切已知、未知的人事物，毫無懸念地，我喜歡上了德語，雖然沒有走上德文專業，卻也在往後的成長歲月裡，和德國這個國家結下不解之緣。

畢業後許多年，大家各奔東西，我全世界輾轉，他也結束了在台灣廿多年的執教，接下聖言會（Societas Verbi Divini）的另一項指派。到北京開展傳道與授業的工作，於改革開放初期的中國推動傳教事業，比起六十年代的台灣當然艱難許多，但孫神父與我和許多校友們亦師生、亦朋友的固定聯繫中，我們知道他始終甘之如飴。

晃眼將近半個世紀，愈是了解孫神父，就愈覺得佩服，無論儀表、談吐、才情還是學識

> **人的一生只要堅持著一個為他人謀福利的初衷，盡其所能地貢獻己力去造福他人，其實這個人已經具備了神的形象，到達了聖人的境界。**

皆卓爾不凡的他，如果生活在塵俗，想必可以獲得相當美滿的人間福緣，而他竟然能夠五十年不改，一直心無旁騖地在異國他鄉的簡樸奉獻裡桃李天下。

神父以傳教士（Missionary）的身分，一生將修會的福傳使命（Mission）貫徹極致，雖然我想不起來他有任何一個時刻向我宣揚過什麼教義，可是我們在其日常行止與教學間，見證了神父一直篤行著無私的利他與博愛，尤其在這個宗教時常淪為財色、權謀與仇恨工具的今天，更加令人徒添後來者幾希的喟嘆。

雖然輔大校訓：「真、善、美、聖」常在我心，但我很少談到「聖」這個字，因為總以為芸芸眾生，稱王容易，卻有幾人夠格稱「聖」？然而，回想孫神父的生平，給了我一個全新的角度，我發現，並非一定要像德蕾莎修女一樣籌濟萬千、名揚天下，人的一生只要堅持著一個為他人謀福利的初衷，盡其所能地貢獻己力去造福他人，其實這個人已經具備了神的形象，到達了聖人的境界。

「堅持初衷、止於至善」，任何人都有能力做一個平凡的聖人，這是孫神父給我上的最後一課。

4 人文外交，用天地間最美的對話

從郎世寧、吳冠中、梵谷到畢卡索，我們淬煉經典的創作行路輾轉於古今中外，當然也一直不斷思索著如何發揮到台灣當代的本土藝術家身上，恰逢二〇一三年富士山取得聯合國教科文組織認定的世界文化遺產資格，為了尋求與富士山相關、不落俗套又適合表現台日文化交流的藝術象徵，我們設計團隊最終發現了陳慧坤先生的作品，其一，具有旅日背景的他，融會了西方油畫、日本膠彩與中國水墨神髓的風格，色調筆觸都很適合展現在立體瓷器之上；其二，大師於一九七三年所繪「富士山」及一九七二年的「玉山第一峰」，一個層巒疊嶂，一個一峰獨秀，做成一支金頸雙連瓶「登峰造極」，但見巍巍名山在瓶身雙側各自輝映，頗有一種相看兩不厭的別致之美。

二〇一四年年底，經過一番漫長的設計試燒，「登峰造極」終於正式面世，我們將此作品送給富士山所屬的靜岡縣後，獲得了日本方面很大的迴響，是而到了二〇一五年二月，我們在日本最具時尚代表性的東京皇宮酒店開辦珍藏經典展時，這支代表台日友好情誼的雙連瓶自然成為展會上的聚焦之點，除了邀集兩國的政商名士與主流媒體參加，東京都知事舛添要一的夫人舛添雅美、靜岡縣對外關係輔佐官東鄉和彥先生等人也都特地出席開幕。

前統一總裁林蒼生先生特別為此盛事寫下了一首小詩：「富士山的美，讓玉山睜亮了眼；玉山的沉穩，讓富士山陷入了沉思，朋友啊！這不是天地間最美的對話嗎？」我很喜歡他下的註解「天地間最美的對話」，誠然，名山對奇峰，瓷釉對油彩，它們看似無聲、更勝有聲的氣場流動裡，觀賞者們感受到了藝術與自然之間，不能言傳、只能意會的天地大美。

二月這場活動得到東京皇宮飯店幕後三菱集團的肯定，但我們的初衷，並不只是舉辦一場冠蓋熙攘的展覽會而已，更希望藉由這份天地大美，能夠一步一腳印地跨越文化的阻隔與政治的枷鎖，襄助台灣的文創、品牌甚至外

除了文創藝術，台灣縱橫捭闔的「向外對話」，還可以經由其他不同的載體……它們所承載的內容質量，其實都取決於我們本身人文精神的經緯深廣。

交等軟實力，拓展到世界市場與國際舞台的燈火燦爛處。

因為我一直認為台灣的品牌，乃至於整個國家都亟需向外「對話」，與其捨近求遠地想像，有一天台灣能夠改變國際定位，讓玉山國家公園或是蘭嶼景觀聚落得以申遺成功云云，還不如腳踏實地去踐行如何運用更富創意、更有感染的方式，為這個三萬六千平方公里的人間萬事說出屬於我們的精彩紛呈，讓台灣站在超越富士山的制高點上讓世界仰止。

除了文創藝術，台灣縱橫捭闔的「向外對話」，還可以經由其他不同的載體，諸如科技、公益、教育、觀光等等，然而，無論這個對話載體為何，它們所承載的內容質量，其實都取決於我們本身人文精神的經緯深廣，是而期盼四百年的台灣文化史觀與五千年的中華文化資本，能有一番更上層樓的凝聚、整合與領悟，讓我們這些在外運籌千里的文創品牌，得以真正無礙無畏地用天地間最美的對話，為台灣開拓「以人為本、文化天下」的人文外交。

5 人文，台灣產業的新座標

博鰲論壇之後，從「亞投行」①、「一帶一路」到「亞洲命運共同體」的訴求，不難看出已經躋身世界強國之列的對岸，其向外擴張的躊躇滿志與厚積奮發，反觀台灣，在政策布局、國際定位、對內共識、資金來源都混沌未明的狀況下，這個對大陸出口依賴達到40％的一葉島舟，究竟應該如何在中國主導的區域整合時代的風雨不驚，相信這是所有關心台灣未來之士共同的心存目想。

隨著「一帶一路」的浮出檯面，我不由得心有戚戚，因為重啟「新絲路」其實是我在二〇〇四年參與松菸文化園區BOT投標案時提出的構想，那時我們並不想讓松菸變成一個文創市集，而是打造成華人文創品牌的文化矽谷，再擴大到大中華區域的範圍，從中華民族曾引以為傲，現在卻又都被外國人占盡鋒頭的瓷器、茶葉、絲綢這三大類產業出發，連接各個以茶、絲、瓷聞名的重點城市，以台北、上海或其他口岸城市為櫥窗起點，透過品牌的育成，加上創新的概念技術，靈活的國際行銷，以達到產業升級與市場開創的新境界，再配合上各地深入的觀光活動，用兩岸民間企業去加乘政府單位的力量，重新建立一條華人新絲路的綿延輝煌。

可惜的是，這個觀念太過超前的擘畫，沒能得到當時台北市政府的青睞，十年荏苒，雖然松菸現在稱得上一個熱門的文創景點，但台北或台灣卻已經徹底失去對於「新絲路」的主導權。

無論「一帶一路」的願景是否得以施展，這個區域建設的壯圖，除了政治與經濟上的戰略意義，它同時也具有文化擴張的意象，相形之下，台灣的被動處境更顯昭然，畢竟我們的蒼穹之下，豈止是濫伐、違章、缺電與旱象，其實經濟的「被邊緣化」與產業的「被取代性」，才真正是台灣一直不願面對卻又深入皮髓的沉疴隱患。

從「新絲路」到「一帶一路」，台商霸圖，名存實亡；MIT前景，舉步維艱，台灣所謂的產業轉型，雖然號稱已經啟動，但舉凡文創加身、產業聚落、跨界升級等等，結果多半是開

「活化文化資本，善用創意人才，建立國際品牌」這是我在十年前為「新絲路」的雛型所提出的產業藍海，十年之後，我覺得依然適用於整個台灣產業。

發商場多於耕耘實業、刺激內需多於拓展出口，我們可以選擇不加入任何區域經濟體制，但是卻不能改變我們身在區域中的事實，更不能迴避它所輻射出的動盪影響。

「活化文化資本，善用創意人才，建立國際品牌」這是我在十年前為「新絲路」雛型所提出的產業藍海，十年之後，我覺得依然適用於整個台灣產業，若有人挑戰這三點是遠水救不了近火的陽春白雪，那是因為他們沒有發現，台灣從未真正做到活化文化資本的第一步，所以領略不出深具中華文化特色的人文精神才是台灣最重要的無形資產。我們無法和對岸較量資源、規模或是價格，但在以「仁」為核心、上下五千年的中華文化面前，我們懷有相對優勢的深厚人文底蘊，也是唯一能讓台灣產業在這片新區域整合裡嶄露頭角的加值條件。

在世界版圖的古往今來，沒有幾個座標擁有永恆定位，所以我們更需要趕快活化與珍視這份文化資產，從區域整合裡站穩腳跟，讓人文台灣在下一個十年裡，成為新時代全球經濟裡最閃亮的新座標。

編按①：亞投行全名為「亞洲基礎建設投資銀行」（Asian Infrastructure Investment Bank，簡稱AIIB），為二〇一三年十月由中國主導成立的國際組織，目的是為了要提供亞太地區開發基礎建設的資金。

6 成立仁創社，打贏華人盃

亞投行之後，我發現無論從內政還是外交的角度，台灣模式如果再不創新，我們的「全民前途」恐怕就像我們的「全民共識」一樣，前無可進，後不可退。

過去，台灣尋找國際出路的技略之一，就是打著「亞洲盃」旗號，試圖運用亞洲區域的寬和彈性，緩衝兩岸之間的矛盾緊繃，而面對亞投行這麼一個完全以對岸為主導的「亞洲盃」，台灣連入賽資格都成了問題，再加上二〇一六年選戰局勢的渾沌詭譎，以至於我們連「加入亞投行」這樣屬於國家層級的戰略目標，連為何而戰、如何而戰、以什麼名義去戰等根本問題都顯得被動茫然。

不難預見地，亞投行只是一個開始，這不僅僅顯示我們與某一個多邊組織之間的迂迴隔閡，也同時意味著未來台灣在所有「亞州盃」的外交賽事裡折衝捭闔的空間，將愈見窘促困難，更枉論抬升到「世界盃」等級。

其實，身處於一個地球是平的全球化時代，包括產業政策、全民生活與教育系統在內等不同元素組成的「新台灣模式」，大可跳脫「亞洲」與「世界」的框架，藉由「華人概念」攀越到不同的視野、高度與內容，去將看似抽象的「創新」一詞實踐並具體化。

反正打不了「亞洲盃」、進不了「世界盃」，何不另闢蹊徑，率先以全球華人價值共識為高度，開拓「華人盃」的新視野。

除了視野與高度的創新，另一方面，引入「華人概念」，也是因為我認為「台灣模式」的內容創新，若只有政府政策、商業金融或是科技專利等形而下的追趕探索，雖然看似務實，卻遠遠不能解決台灣目前進退不得的困境，我們需要從「人」開始著手改變，而屬於華人概念裡的「人」應該用「仁」的思維來詮釋，不僅是個人價值的發揮，更強調待人接物的得宜，也就是「文」的概念，一如《易經》所言：「物相雜，故曰文，文不當，則吉凶生焉。」是而，中華文化裡去掉酸腐八股

「仁創社」正是希望藉由文化的無所不在，引動華人世界的經濟活水，灌溉出一片超越政治疆界的台灣影響力。

的歧異之後的仁者精神必定無敵，因為它具備宏觀思考的全面性，慎重於人事物之間的往來平衡，由「明德，親民，止於至善」與「格、致、誠、正，修、齊、治、平」三綱八目出發，得以重新調和現代社會裡人與自我、人與家國、人與環境之間「文不當」的失衡現象。

因此，我希望能將仁者意象與創新思維結合，號召各界重視文化意識與社會責任的企業體們，組織一個兼具文創平台與創業基金會功能的「仁創社」，致力於鼓勵所有以中華文化為本心的創意、創新與創業，提供他們跨行、跨業、跨界與跨國的支持動員，整合並加乘世界華人的凝聚力，並從每個企業文化的轉變去潛移默化整體社會文化的趨向，改善政治與經濟上的遲滯汙濁，實現一個台灣模式的新絲路版圖。

政治如土地、經濟如活水、文化如空氣，「仁創社」正是希望藉由文化的無所不在，引動華人世界的經濟活水，灌溉出一片超越政治疆界的台灣影響力，唯願這場屬於台灣的「華人盃」，能夠在一切還來得及之前，順利開賽。

7 五缺六失，這是愛台灣的方式？

所有自認愛台灣的人，都應該仔細讀二〇一五年七月工業總會提出的白皮書；讀後，若沒有不寒而慄、決定善盡公民責任者，就請不要再以為自己真的在乎這片土地。

這是工總成立七十多年來，罕見地以正色直言向政府、政黨與社會各界指陳台灣的真實面貌：一個被只想討好選民、鞏固己利、不顧正義的政客們踐踏扭曲的國家；一個只強調「分配」，沒人在意「生產」，即將逐步走向均貧的國家；一個面臨「缺水、缺電、缺工、缺地、缺人才」，又苦於「政府失能、社會失序、國會失職、經濟失調、世代失落、國家失去總體目標」等五缺六失的國家。

與其說白皮書如同暮鼓晨鐘，我更害怕這是屬於一個將沉之島，最後的迴光返照。

究竟基於什麼原因，廿年來，讓這希望向以色列或新加坡看齊的台灣，「努力」半天後，上下的取向氛圍卻更接近希臘、菲律賓，甚至文革時期的中國？

我想到《論語》子貢問政中，孔子認為國治民安之道在於「足食，足兵，民信之矣。」在最極端的狀態下，可以「去兵」、「去食」，卻不能「去信」，因為「民無信不立」，許多人將「民信」解釋為人民對政府的信任，但我覺得孔子所謂的「民信」，其實更趨近於信仰，此處信仰無關怪力亂神，而是一個國家民族賴以維繫的中心思想，簡言之，就是「道德」理想。

除了科技、工業、經濟與政治的4.0，台灣更需要道德教育與文化思維的4.0，我們才有機會回到台灣經濟起飛後期的穩定殷實，再重新開展新局。

「道」即正路，「德」為眾人齊心向前，有道德理想的民族，才有持續進步的美好前程；國父孫中山先生亦曾言：「有道德始有國家，有道德始成世界。」過去中華民族儒心道骨、四維八目的道德理想，遠比外來民族的道德理想來得深沉宏大，所以諸如蒙古滿清等蠻夷縱使能以武力破國亡城，卻始終無法撼動中華民族的凝聚存續，結果反而從侵略者的角色轉化為被同化者，相似的例證也可以從以色列身上看到，他們維繫一個去國千年、流落海外的鬆散民族，依循的正是以猶太教義為主軸的精神信仰。

台灣演變成今天「五缺六失」的最大原因，是過去廿年來，一場自毀長城式的偏頗教改以及族群對立，從教育體系到社會共識等各個層面，腐蝕掏空了台灣原本儒心道骨、四維八目的道德信仰。於是在台灣，貪汙服監的前總統可以被同情；不認同國家的前總統可以被包容；還沒有搞清楚什麼是學問的高中生反課綱可以被允許；沒有骨氣擔當，不敢直接表明立場的總統參選人可以獲得支持；出入汽車、家裡冷氣冰箱一應俱全的菁英份子上街反核四、反石化不會自覺慚愧；愈是口無遮攔、作風囂張、引人非議的檯面人物，愈容易搏得輿論青睞；只顧派系私利，不問蒼生民利，公然顛倒是非與關說拉攏的政客們照樣百年長青。

上述提到的，哪一個人不是號稱自己愛台灣？卻都以「愛台灣」之名，行「既悖道、又缺德」之事，直接導致了今天五缺六失的危急局面。工總白皮書中倡議台版4.0戰略，其實，除了科技、工業、經濟與政治的4.0，台灣更需要道德教育與文化思維的4.0，我們才有機會回到台灣經濟起飛後期的穩定殷實，再重新開展新局，否則，以現在大家「愛台灣」方式，在不久的將來，無論哪一黨執政，恐怕都只能愛一個五窮六絕的台灣了。

8 文創＋，把中小企加進全世界

創業迄今超過四十年的我，猶記在民國七〇、八〇年代，每隔一、兩年總會發現某位高管或廠長自己跳出來成立公司，不一定是禮品行業，但總歸滿世界跑生意。

隨著時間位移，這樣的間隔愈拉愈長，到了二〇〇〇年後，基本只剩下跳槽或是開一家咖啡廳之類的創業，再沒有聽聞任何一個以世界當舞台的創業者了。

我覺得很弔詭，戒嚴時期前後的台灣，曾經對世界充滿了企圖心；而如今身處在全球化時代的台灣，卻對世界失去了旅遊以外的興趣。

有人告訴我，這是屬於每一個世代的自我選擇，與整個世界無關，但正是這一股潛伏於台灣社會裡偏安鎖國的暗潮洶湧，終於衝垮了早年辛勤積累、卻在其後對立虛耗中迅速流失的經濟優勢。孰不知，台灣二〇一五年九月出口已經持續第八個月衰退，減幅高達14.6%，是連續四個月來以二位數負成長的紀錄，出口銳減直接導致台灣第二季GDP增長只有0.6%，預料第三季度可能更糟，據說全年GDP要保一恐怕都成為懸念。

首先，台灣服務業占GDP總產值約七成，雖然我們一直以來甚為台灣服務業所展示的細緻貼心而自豪，可是事實上，我們服務業的升級轉型始終沒有考量過國際需求。

因為台灣市場局限關係，服務業多半屬於規模偏小、僅限內需的企業體，大部分經營者缺乏向外擴張的動機與資源，同時主管機關也沒有將心力與資源等比例地投入到輔導服務業國際化的創新政策上，所以任何一個大幅提升台灣服務業產值的計畫都顯得遙不可及。

所以多年來，我們真正的GDP成長引擎非出口貿易莫屬，令人遺憾的是，無論是以前的戒急用忍，還是二〇一四年的反服貿運動，美其名抗衡對岸勢力入侵，其實就是一貫「對外故步自封，對內處處制肘」，導致台灣企業一直錯失在世界經濟舞台上更上層樓的機會，無法邁開步

以「文創+」概念，協作成立一個以吸引外資為導向，又不會淪為另一個蚊子館的基金平台，希望獎勵、測試與輔導所有台灣願意「走向世界」的中小或微小型企業。

伐從代工生產轉型成品牌研發不說，這兩年的情況更幾乎到了藥石罔效的地步。

當鄰近國家爭相加入相關貿易協定，單就商品出口關稅的減免，就比台灣的出口商品更具有價格競爭的實質優勢，對照我們出口數字的一季不如一季，可說是一種無可奈何的不戰而敗。

然而，這樣的不戰而敗著實令我輩難以忍受，於是希望能聯合其他同樣不願意袖手旁觀台灣如此坐以待斃的企業家們，一起投入資金與人力，以「文創＋」概念，協作成立一個以吸引外資為導向，又不會淪為另一個蚊子館的基金平台。

希望獎勵、測試與輔導所有台灣願意「走向世界」的中小或微小型企業，拋開島國格局與政治負擔，結合生產創價的工匠思維，與胸懷天下的儒商精神，重啟台灣過往那種扛起皮箱、拎著電腦就走進世界開發市場的創業決心，可一起引領台灣的影響力，跳脫出區區三．六萬平方公里的有限，成就上天入地、點石成金的無遠弗屆。

9 一個字，決定台灣的繁華或蒼涼

「Franz，我告訴你，這次馬習會應該是最後一次兩岸勉強平起平坐的公開會面，從此以後，不需要大陸特別施壓，台灣一定會慢慢被邊緣化，直到沒有任何談判籌碼為止。」

WZ是我多年好友，一個商業嗅覺特別敏銳的德裔瑞士人，七〇年代主攻台灣與香港，九〇年代又轉戰上海與深圳，雖然不是什麼外交事務專家，但一直深信一國一地之經濟消長，與其政治作為有著絕對的正相關，所以幾十年來都是琢磨著政策風向做生意，不只中文嫻熟，對於台海情勢的積極博學，早已遠遠超過對自己故鄉瑞士的了解程度。

「你不相信？我拿我老家那套明青花瓷跟你打賭。」他看我表情僵硬，又不接腔，以為我不認同：「不管下一任總統是誰，在他任期結束前，台灣都基本沒戲唱了。」

其實，到上海和他敘舊前，我才剛結束在大陸近十個城市的參訪，親眼目睹兩岸的驚人轉變，又怎麼會不認同這觀點？只是在不期然間被他一語道破這一路積累的痛點，一時五味雜陳，難以成言。

說起來每隔兩、三個月，我至少會到大陸走一趟，但此次一口氣走過上海、崑山、溫州、南京、義烏、杭州、常州、泉州、廈門等城市，和產官學研商等人士會面長聊後，以前感慨台商式微，現在發現連台灣經理人的優勢也無存。除了薪資水平大幅降低，甚至本地與跨國企業願意花更優渥的薪資，跳過相對便宜的台灣人才，雇用大陸當地的專業人才；原因很簡單，後者更具競爭力、企圖心與國際觀，這是許多自我感覺良好的台灣人士不願面對、卻真實存在的殘酷現實。

當然有人指出大陸經濟與體制如何千瘡百孔，但只要深刻比較過兩岸狀況，就不難發覺我們面臨著同樣的結構性沉痾，諸如少子化衝擊、退休基金短絀、教育系統僵化、樓市變相膨脹、實業創新不足等等，所以他們的弊，也是台灣的病，可是不要忘了對岸在軍事、外交、資源、市場等方面，已經是我們不可企及的。更重要的是，他們上下擁有一個無法僭越

多年來教育系統刻意跳過關於「忠」的表述與薰陶，殊不知沒有「忠」的民主，使台灣患上一種沒有「中心」思想的精神分裂症……

的價值觀，就是「黨國至上」，無論檯面下如何你死我活、陽奉陰違，但檯面上永遠是整齊劃一的目標、口徑與政策。

反觀台灣，多年來教育系統刻意跳過關於「忠」的表述與薰陶，並且一直誤導人民以為沒有「忠」的概念就是民主的象徵，殊不知沒有「忠」的民主，使台灣患上一種沒有「中心」思想的精神分裂症，所以我們一路從七、八〇年代的繁華退化到今天的蒼涼，既追趕不上「大韓主義」的南韓，也比肩不了內部種族宗教甚為歧異、卻衷心擁戴同一種文化價值觀的新加坡或以色列。

台灣不需要回到那個「忠黨愛國」的過去，但若希望五年後台灣還有戲唱，我們必須回到七〇年代上下一心一德的社會氛圍，一起為這份具有民主精神與台灣特色的中華文化資本盡忠職守、各效其力，因為唯有一個根深枝茂、廣納百川的文化，才能超越眼下盤根錯節的政治、黨派、歷史與疆界，成為全台人民的共同價值觀，也足以成為我們未來的戰略籌碼。

如果下一任總統能夠參透，台灣最大憂患從來不是政治或是經濟，而是文化建設的認同障礙，並且在任期結束前用文化找回台灣的「中心」，那我願意把從WZ那裡贏來的古董青花雙手奉上。

10 去除產業病灶，讓台灣走出去

五二〇一過，我們面對的是經貿南向的茫然與海峽西岸的挑戰；首當其衝的，莫過於陸客限縮的疑慮。事實上，許多相關行業都已經感受到陸客限縮的直接壓力。據悉，近期觀光陸客簽證申請驟減一半以上，遠遠超越官方預期，不少人憂心台灣早已走勢疲軟的經濟指標，又雪上加霜。

然而，從二〇一六年初開始，驀目時艱的又豈只是商賈百姓，台灣經濟形勢嚴峻，導致各個相關政府部門依舊積極和產業界共研對策，畢竟一年數百萬人次陸客消費不容小覷；若是數量持續減半，亦將成為拉低台灣GDP主因之一。

雖然也有人覺得杞人憂天，或是提出多元開發東亞與中東觀光客群等替代建議，但殊不知，明眼人一望即知這是不知深淺的口號方案，台灣從上世紀以來即致力於扶植發展旅遊業，但直到陸客開放之初，我們的旅遊業一直呈現嚴重逆差。

究竟什麼原因，使得同樣地狹人稠、強鄰環伺、風光有限的新加坡，可以成為世界第五大會展中心，以及前十大旅遊國家之一，而台灣卻為了大陸旅遊政策改變，頓起風雨飄搖之憂患？

在幾次產官學界共研關於扶植台灣產業或地方經濟的會議中，我再三提出台灣旅遊與文創產業發展受限的病灶，就是一直無法走出去，我所謂的「走出去」不是指那些重返聯合國或為國名糾結的表面文章，而是實事求是的擴大台灣在國際間能見度與吸引力。

相異於新加坡化身為區域服務與產業中心的作法，台灣可考慮回歸以往基礎殷實的WWW中小企業與商品外銷，其實台灣自七十九年起即借鏡日本「一村一品」（One Village One Product），推出OTOP（One Town One Product）計畫，目前已囊括三百六十八個鄉鎮的數百樣產品。

我認為此計畫是同時促進台灣觀光與外銷的一石二鳥之

我所謂的「走出去」不是指那些重返聯合國或為國名糾結的表面文章，而是實事求是的擴大台灣在國際間能見度與吸引力。

策，可惜由於ＯＴＯＰ種類過於分散、補助資源不足、營銷通路有限，除了鳳梨酥、高山茶、水果等原本就需求穩定的品項之外，至今還沒能從ＯＴＯＰ裡走出一個像鳳梨酥一樣上看百億元產值的品項。

經營了三十多年的企業，我完全不相信雨露均霑的資源分配符合工作效率，雖然保存地方特色產品是ＯＴＯＰ初衷之一，但也必須懂得如何將80%資源用於強化20%明星產品上，才能最大化ＯＴＯＰ的產出效益。

所以，何妨導入創投基金或眾籌模式的商業眼光與金融活水，從數百種五花八門的品類中，選擇少數國際市場潛力較高的產品，再讓具有實務經驗的外銷廠商，結合現有外貿相關的政府資源，針對某些重點市場進行更在地化與創意型的營銷活動，一方面讓ＯＴＯＰ成為一隻創造外匯的金雞母；另一方面也讓台灣產品能更大聲量地走進全球市場，爭取台灣在國際社會的實際能見度。

無論我們在國際場合用什麼名字，其實不重要，重要的是，只要台灣優秀產品能走出去，被看得見，就有機會吸引更多的世界遊客來到台灣，看看創造它們的地方，認識真正的我們。

11 不識「八目」，只能「白目」

中秋期間，我應邀參加日本幾位政經界知名女性所成立的All Around Beauty Club為二〇二〇日本殘奧聽導犬所發起的慈善募款晚宴，該宴席設於日本皇宮酒店，現場衣香鬢影、冠蓋雲集，連安倍首相夫人都是座上嘉賓。然而，整個募款與義賣的過程卻不盡積極活躍，雖然有許多忠厚可愛的聽導犬朋友們現身同樂，卻覺得氣氛總是低調中幾乎有種保守的感覺。

我以為是文化與語言的隔閡，而同行的日本友人向我解釋道，日本在上世紀八、九十年的暴發戶時期到失落廿年間，社會風氣與消費意識有了重大的轉變，原來深植在大和文化中那自省內斂的部分又回到人們的日常行止當中。

反觀日本從暴富到失落後的自省內斂，同樣經歷過「錢淹腳目」的台灣，從經濟奇蹟到國際競爭力節節敗退的今天，卻是呈現另一種張揚的「白目」。曾幾何時，當我們在日常生活中用「白目」來嫌棄身邊那些搞不清楚狀況、不識相、亂說話、自作聰明、不識好歹的行為之時，卻沒察覺長久以來，台灣已經化身成一座「白目」之島。

君不見，台灣近年來的景氣衰退、企業外移、人才出走，是由於國內產業政策、能源問題、兩岸關係、意識形態等多方宏觀條件的搖擺不定與放任惡化所造成的後果，可是目前部分主事者與名嘴們卻傾向不要從源頭著手改善肇因，所以異想天開地要求掙扎於國際激烈競爭的企業們繼續加大投資，如此殺雞取卵、捨本逐末的「解決方案」，毫無疑問地代表著時下「白目」邏輯的大勢所趨。

當然，台灣的「白目」豈是一文可盡、也絕非一日之功，回首來時路，試著不要用白目邏輯來思考的你，應該不難發現，正是台灣教育逐漸揚棄中華文化的二、三十年間，社會共

積極呼籲主事者從體制內的文化教育著手來導正社會的本質，喚醒我們「格致誠正、修齊治平」的理性共識，停止「白目」，再創「錢淹腳目」的台灣奇蹟。

識缺乏一個頂天立地的思想主軸，台灣的國勢與經濟也隨之江河日下。原因十分簡單，因為現在所有人都只知道要自由、要民主、要繁榮，卻不知道打造一個自由民主的繁榮台灣，需要大部分台灣人民即使不能完全體會四書五經中的君子之道，至少也要有最基本的「八目」概念。

所謂八目，就是「格物、致知、誠意、正心、修身、齊家、治國、平天下」，何妨用一直糾結的核能議題為例，我們在面對能源政策之前，應該認真研究新能源的替代方案是否可行、水力與火力發電的隱患、自身能做到多少居家節能、台灣產業能否承受非核的負擔等等，這就是格物致知的功夫，再以無愧於心、利於社稷的誠意正心來決定反核與否，才有機會選出一個有能力治國平天下的方案，才對得起手中掌握的自由民主；否則，只會聽憑集體訴求或個人好惡來決定台灣的前途，結果就是如今這樣一個不識「八目」，只能「白目」的台灣，白白成為華人社會不適合自由民主的鐵證笑柄，不亦惋惜乎！

所以，如果我們真的關心台灣這片土地，應該積極呼籲主事者從體制內的文化教育著手來導正社會的本質，喚醒我們「格致誠正、修齊治平」的理性共識，停止「白目」，再創「錢淹腳目」的台灣奇蹟。

12 文化認同，台灣未來的適者生存

三國演義「天下大勢，分久必合，合久必分」一說，著實鞭辟入裡，無論兩千年前的古老中國，還是廿一世紀的全球，無不應證天下大勢風雲聚散才是人間的唯一永恆。

在英脫歐公投（Brexit）後的今天，不少歸咎民粹主義演變為衝擊國際經濟的動盪因子，但我認為真正衝擊國際經濟的主因，其實是天下大勢已籠罩在合久必分的氛圍下，從柏林圍牆倒塌，到諾基亞走下銷售神壇的四分之一世紀裡，因冷戰結束與網路興起，高調宣揚普世價值的融合時代已屆尾聲。除了英國，歐盟各國左右拉鋸愈演愈烈；伊斯蘭世界極端崛起；美國社會裡黑白、貧富、紅藍對峙熱度也與日俱增，不難發現各角落都在朝分裂對立的形勢趨近。

說到分裂對立，台灣不遑多讓，早在柏林圍牆倒塌前，議會暴力就開啟了藍綠統獨凌駕國家興亡的序章，即使幾屆政黨輪替也不能撼動此決絕的僵持，也就是說，台灣在崇尚融合時代，用省籍情結、失敗教改與戒急用忍等分裂模式，逆行倒施卅年，耗盡所有天時、地利與人和優勢，如今落得怎一個「茫」字了得下場。

然而，逝者已矣、來者可追，當前應該捫心自問的是：台灣是否要追隨這個趨勢，繼續在蕞爾方圓裡劃下一條條難以逾越的鴻溝？

之前，去東南亞拜訪馬來西亞幾位政商領袖，他們提及「娘惹」族群的特殊存在，雖然已經在當地幾代生根，但是由於文化習俗不同，仍舊被視為外來族群，處處受到馬來主流的歧視；其實不只娘惹，從他們的字裡行間，不難發現馬國種族之間的隔閡根深蒂固。不過一水之遙的新加坡，也是一個多元國家，卻明顯展現出目標一致的社會共識，相比之下，國家團結的影響不言而喻。

新加坡人均GDP幾乎是其鄰國的五倍；無獨有偶地，以色列同樣資源匱乏、族群複雜，可是上下一心勵精圖治，他們的人均GDP超過台灣將近兩倍。

一種沒有任何黨派、族群、語言、立場可以超越的國家認同感，這正是台灣目前最為欠缺的社會凝聚力。

誠然，促成他們成功的原因不一而足，但其中最重要的是，新加坡的律法與以色列的信仰，在其國內形成一種沒有任何黨派、族群、語言、立場可以超越的國家認同感，這正是台灣目前最為欠缺的社會凝聚力。

歸根究柢，無論是四百年前移入的閩客文化，或是六十年前移入的外省文化，再加上真實體現的原住民文化，我們完全可用一個具有台灣特色的中華文化做為台灣的國家認同，而不需要像現在一樣，一面追捧閩南語、說寫中文字，卻一面還糾結著如何和中華文化一刀兩斷的矛盾錯亂；更不需要將取之不盡、應念具足的中華文化資本棄擲邐迤、暴殄天物。

君不見，天下大勢除了分久必合、合久必分的規律，也依循著物種進化優勝劣敗、適者生存原則，當看見新加坡與以色列藉國家認同贏過數倍於它們的鄰國，為什麼我們不能放下政客式的偏見，用中華文化做為台灣的國家認同，創造這紛擾世界的另一個適者生存的逆勢奇蹟？

13 走心，台灣「南向」的過牆梯

工總與經濟部成立「亞太產業合作推動委員會」，冀以產官合作姿態，從實務面進擊一直難以擺脫口號取向的南向政策。

誠然，過去台商在東南亞篳路藍縷的成就背後，獲取實戰經驗的同時，也付出了無法想像的血汗努力，然而，如今國際情勢物換星移，川普政府左閃WTO、右躲TPP①，似乎無意承擔全球貿易制度的領袖角色，導致世界及亞洲各主要經濟體勢必漸靠攏中國主導的RCEP②及一帶一路等，甚至中國可能取代美國成為TPP新舵手，因此，眼下詭譎的兩岸關係與中國崛起的區域經濟裡，我們的南向宏圖究竟要如何才能在競爭激烈的東南亞與印度市場上改變步履維艱的「難向」之苦？

吾人以為，南向政策由一個跨部會組織出面統籌有其必要，可以是合作推動委員會，也可以是另一個編制更廣的南向指導小組，但無論單位名稱為何，其政令布達與戰略制定，必先從一個統籌全局、軟硬兼備的頂層設計出發，綜觀過去台灣在區域經濟前行的軌跡，大多關注於技術、資金、效益等短線的合作形式，忽略了文化融合與產業互補等需長線的合作根本。

簡言之，台灣在區域合作裡不是一個「走心」的夥伴，往往只是以尋求一個更為廉價的勞動市場為著眼點，當地政府與人民當然也心知肚明，所以一旦實力雄厚的其他外資現身，不諳融合深耕、又不受區域協定保護的台資們很容易見棄於戰局。

南向政策的頂層設計，也需要走進合作國家的心裡去，所以知己知彼的文化交流，就算來不及先行鋪墊，也至少應該與經貿投資的腳步齊頭並進。

而什麼是走心？一舉拿下Honda、Toyota、Ford等國際一線品牌訂單的越南台商豐祥控股，就是一個走心的成功案例。二〇一六年我在評選台灣安永企業家獎時，有幸聽到豐祥游明輝董事長描述，他九〇年代末到越南耕耘基層的寶貴經驗。當時他曾花幾個月的時間，親自到近百名越南幹部的家中拜訪，許多人的老家地處偏鄉，村鄰之間都是頭一次見到外國老闆帶禮物上門結交，連親朋好友都出動夾道歡迎，讓越籍幹部與其家族覺得面子十足，如此和員工搏感情的方式，自然讓企業的凝聚力走進了員工的心裡，據聞當地工廠難免也有糾紛發生的時候，多數員工們都會自發性挺身維護公司利益，無怪乎多年來豐祥在越南一直根基穩固、扶搖直上。

同理可循，我們南向政策的頂層設計，也需要走進合作國家的心裡去，所以知己知彼的文化交流，就算來不及先行鋪墊，也至少應該與經貿投資的腳步齊頭並進，畢竟南向政策的文化交流，絕非只是互派代表參訪或是辦幾場會議可一蹴而就。

台灣其實極度缺乏熟悉印度及東南亞事務的專業人才，所以產官聯手之餘，學研界也應納入頂層設計的範疇，因為各地的語言、風俗、人文雖然看似無形，卻柔能克剛、其力綿長，如果能先從教育、出版、設計、慈善等相對容易「走心」的領域合作，或可為台灣的技術、資金與產品，在被區域協定排擠在外的南向愁城之內，造出另一把出奇制勝的過牆梯。

編按①：跨太平洋夥伴協定（Trans-Pacific Partnership），是第一個連結亞太地區的區域貿易協定，成員國總共有十二個國家，包含美加，日本，紐澳等環太平洋的重要經濟體。

編按②：區域全面經濟夥伴協定（Regional Comprehensive Economic Partnership），是一種由多個國家共同參與的巨型自由貿易協定。成員國包括：東協十國印尼、馬來西亞、菲律賓、泰國、新加坡、汶萊、柬埔寨、寮國、緬甸、越南，和中國大陸、日本、韓國、澳洲及紐西蘭五國。

14 分寸，台灣與世界之間的距離

從二〇一六年開始，我積極呼籲台灣加入一帶一路計畫的必要性與時效性；五月中旬，聚集一百卅多國、七十多個國際組織的一帶一路國際合作高峰論壇在北京落幕，台灣完全被置於這項本世紀最近悅遠來的國際合作之外，朝野間卻還在為參加WHA、補助遊客、企業加稅與前瞻建設等議題不知所云；我不禁感嘆，相比卅年前才在憧憬著奔「小康」的對岸，直接跨越小康奔到世界舞台擔任大導演的同時，咱們台灣究竟什麼時候可以真正步入小康社會？

某些人可能會質疑，難道台灣現在不算小康社會？如果就經濟上來說，台灣或可符合《詩經》裡「訖可小康」程度，但在政治上，我們卻遠遠沒有觸及《禮記．禮運》中小康皮毛之一二。

在一個談禮義廉恥都有可能與社會主流背離的時代，我懷疑多少人還背得出「大道之行也、天下為公」的其後篇章，然而，我深信任何一個崇尚民主價值的台灣人民都應該對其爛熟於心，畢竟這區區一百餘字，在幾十個世紀之後，讀來依然是現代社會所不可企及的終極藍圖，無論你在政治偏好上更欣賞川普、安倍、還是習近平，你都不能否認「選賢與能、講信修睦」就是民主社會的根本，因為你我捍衛與歌頌的民主，不正是選出一批講信修睦的賢者能士來為民服務？

不可諱言地，禮運大同刻劃的是終極理想的烏托邦世界，我們生活在連關乎老有所終的年金改革、壯有所用的經濟發展，及幼有所長的教育建設都難以盡如人意的時代，更奢談什麼「不獨其親」、「謀閉不興」之儔的人性極限。

以禮為本的社會共識，正是台灣現在所缺乏的核心價值，而這個「禮」字為何？其實就是待人接物的分寸感。

可惜的是，我們離退而求其次的小康世界也頗有距離：「未有不謹於禮者也，以著其義，以考其信，著有過，刑仁講讓，示民有常。如有不由此者，在執者去，眾以為殃，是謂小康。」簡言之，只要人民將一套以禮為本的標準做為社會共識，任何人不依此而行，即使有權勢地位也會被視之為禍害，便可稱之為小康。

以禮為本的社會共識，正是台灣現在所缺乏的核心價值，而這個「禮」字為何？就是待人接物的分寸感，兩千多年後的今天，分寸感已經超越了性別、種族、階級、宗教等等外在標籤，但我相信就算時序再過兩千年，這種分寸感也不應該超越忠孝仁愛、禮義廉恥等內在標準，但我們的分寸感卻硬生生地逾越了後者，這些年來縱容在位者們的不忠不義與不廉不恥，並不曾因為他們顛倒是非、厚己爭利或是昏庸無能而「眾以為殃」，當然結果就是全民一起淪為失去分寸感的「不謹於禮者」，所以舉國上下「不著其義，不考其信，不著有過，失仁不讓，示民無常」，無義無信、無理無恥、有過失也繼續大言不慚，這不正是台灣如今的國情寫照嗎？

君不見，台灣這些年的進退失據，從來不是中國打壓或藍綠惡鬥，而是社會失去了以禮為本的分寸，以至於每一步是非黑白的失之毫釐，都與整個世界漸行漸遠，不用太久，你就會發現台灣與一帶一路已經差之千里了！

15 缺電？我們缺的是「自知之明」

前一陣子大概是電力吃緊的緣故，企業圈裡又傳了一遍我之前的一篇拙作〈五缺六失，這是愛台灣的方式？〉一位剛認識不久的跨國公司老總，拿著他LINE群裡的對話給我看，深以為我指出了台灣的真實現況。

「現況？這是我二〇一五年寫的文章喔！」我當場忍不住提醒他，而話音一落，我們兩個皆相顧黯然。

因為我們心裡都很清楚，台灣的五缺六失豈是這兩年工夫？而是在過去廿年裡，隨著中華文化資本在自毀長城式的偏頗教改與政治操弄裡，從教育體系到社會共識等各層面慢慢剝離之後，台灣的人文建設也隨之崩解，自此，無論過了多少歲月、換了幾個政黨，台灣現況就是會一直江河日下。

如同我一直疾呼的，「去中國化」的政治偏見正在讓許多台灣人習慣一種指鹿為馬的自欺欺人式思維，諸如：閩南語不屬於中華文化、拜著漢人的祖宗牌位卻說沒有唐山媽之類云云，當部分人民的是非黑白一旦錯亂，又怎能期待整個國家能夠走上正途？

日前為工商協進會撰文時，翻了一下《二〇一六年台灣文創產業發展年報》，我更發現「去中國化」導致的文化主體空洞化，已經造成了台灣嚴重的自我認知偏差，年報上援引了二〇一五年聯合國教科文組織、國際作者與作曲家協會聯合會和安永會計師事務共同發布的《文化時代：第一張文化創意產業全球地圖》（Cultural Times：The first global map of cultural and creative industries）研究報告，指出二〇一三年全球文化創意產業經濟價值約二．二五兆美元的營收，占全球GDP的3%；與我國文創產業相較，二〇一三年我國文創產業營業額占GDP比重5.33%，顯示我國文創產業發展的速度高於全球平均？

而年報上卻沒有提及全球文化創意產業發展主要集中

「去中國化」的政治偏見正在讓許多台灣人習慣一種指鹿為馬的自欺欺人式思維……台灣當然缺電，但更缺的是「自知之明」。

在以美國為核心的北美地區，以英法為核心的歐洲地區和以中國、日本、韓國為核心的亞洲地區。其中美國占市場總額的43%，歐洲占34%，亞洲、南太平洋國家占19%（其中日本占10%和韓國占5%，中國和其他國家及地區僅占4%），簡言之，台灣文創的比重，對整個世界的文創產業而言，已經到了幾乎可以忽略不計的地步。

我很好奇，為什麼主事者們不願認真面對台灣有一部不靠明星效益、單靠內容而紅遍亞洲的電視劇是廿年前的「包青天」？為什麼不願探討讓周杰倫一躍而成為亞洲巨星的音樂是中國風？更有甚者，為什麼明明知道每年全球十大暢銷書籍、電影、電視、單曲等從來沒有台灣出品的蹤跡，可是我們擁有一個世界排名前十的「暢銷」博物館——故宮博物院，卻任由這座唯一能讓我們與國際主流並駕齊驅的文創寶庫，在有心人士的政治利益驅動下，居然像亂世忠臣一樣被發配邊疆、有志難伸？

所以，台灣當然缺電，但更缺的是「自知之明」，什麼時候我們的政府與多數民眾都能正視除了原住民與殖民者的文化遺產之外，那超過90%屬於閩南、客家與外省等中華文化的資本湧動，什麼時候台灣才能開始擺脫五缺六失的困境，才能開始拚經濟、拚成長、拚加入任何世界組織的美好未來？

16 不識高山青，台灣如何長青？

二〇一八年伊始，我應邀到考試院演講，席間趙麗雲委員向我提出了一個無關當天主題卻令我喜出望外的質疑：GCP（Gross Culture Product，文化生產毛額）的確是一個美好的概念，然而台灣終究不是以色列，對於咱們這個連一首歌曲都缺乏全國共識的國家而言，所謂的GCP是否具備可執行性？

這質疑起始於日前我借以色列為例，呼應前統一總裁林蒼生倡議台灣應發展GCP的系列文章，令我欣慰的是，廟堂之上終有人關注，也願意和我們一起探討GCP的可執行性。

首先，我必須承認台灣社會現況確實沒有發展GCP的優勢，但絕對不是因為沒有社會共識。其實，以色列也不是一個都有社會共識的國家，我的以色列朋友不只一次抱怨某些極端正統派，諸如哈瑞迪教派（Haredi）一面仰賴國家補助，又一面和政府唱反調的種種。

然而，猶太人的文化意識超越地緣甚至是血緣，一九四八年僅有三分之一的以色列公民是出生在其領土之上，並且曾經歷過幾十萬人說著十幾種不同方言，可是這不妨礙他們對於以色列的歸屬感。就某種程度而言，無論是美籍、俄裔還是中東猶太人，讓他們心手相連的，不是對方手上拿什麼護照，而是對方心中是否有托拉（Torah）、塔木德（Talmud）和律法、節日等文化存在。

曾經台灣在華人世界也有一呼百應號召力，以前金曲獎與金馬獎哪一個不是華文創作的逐鹿之地，而淪落到今天這樣一個連GCP概念都難以執行的地步，乃肇因於我們自願放棄了超越地緣與血緣的中華文化。事實上，廿多年來「台灣」這個文化主體已被「去中國化」政客們架空異化到如同文革的中國與現代的朝鮮，彷彿只剩下三萬六千平方的土地與日本殖民的五十年光陰，徒具政治正確軀殼，而沒有文化傳承靈魂。

試想，如果連「高山青」這樣的歌曲都要在台灣文化裡畏首畏尾，又怎能期待台灣文創能高山長青？

舉例說，我相信很少台灣人沒聽過「綠島小夜曲」或「高山青」（阿里山的姑娘）這兩首歌，尤其後者在海外華人圈裡幾乎堪稱台灣國家代表曲，可是卻沒有多少台灣人知道綠島小夜曲的作者名叫周藍萍，原籍湖南，成名於港台的音樂家。

前段時間有位朋友來找我聊合作時，談及周先生女兒幾年前如何多方奔走籌畫「音樂家周藍萍」紀錄片一事，同時他也感嘆周先生相關作品若能在數位保存以及改編推廣上更進一步，對於台灣音樂文創的GCP增值將是一大助益。可惜我們的主流文化似乎對於這些非本土出身，或是國學底蘊太過深厚的音樂家或文學家們，沒有太多積極主動興趣關注與資源置放，對周藍萍如是，對余光中亦如是。

我相信不只趙委員一人質疑台灣GCP的可執行性，也歡迎各界一起探究，但在探究之餘，更應挺身質疑這波「去中國化」的惡浪，究竟還要淹沒多少個不是生於本土，卻刻畫台灣時代面貌、也串聯起華人共通記憶的周藍萍或者余光中？試想，如果連「高山青」這樣的歌曲都要在台灣文化裡畏首畏尾，又怎能期待台灣文創能高山長青？

GCP和文創產業一樣，從來不是一個國家能不能執行的問題，而是一個國家有沒有文化的問題。

17 一人一點光，照亮走進世界的路

二〇一八年六月，張忠謀終於正式交棒，相信大部分國人和我一樣，正以誠惶誠恐的心情迎接後張忠謀時代的台灣經濟。一方面衷心希望支撐著台灣卅年半壁江山的台積電能繼續屹立不搖、百尺竿頭，一方面卻也深切明白這不是一個容易經營的時代，無論對於呼風喚雨的上市公司還是飲水自知的中小企業。

記得張忠謀在交大客座講課時提過：「我的使命感就是要經營世界級企業——堅持走一條難走的路。」吾人深以為這句話對應的不只是台積電、也是台灣企業、更是整個國家，而差別只在於，台積電已經走過一座又一座的里程碑，可是台灣企業和我們國家卻還在這條通往世界的路途上摸索踟躕。

過去在代工時期，我曾經以為台灣與世界的距離很近，畢竟ＭＩＴ的身影遍布了三大洋、五大洲。然而，在我成立幾家國際分公司後，赫然發現台灣與世界的距離是行百里者半九十，那最後一里路就是創新與品牌，所以廿世紀末，我即開始布局從代工到品牌的轉型。孰料，當我在這條難如上青天的世界之路上發足狂奔了幾年，我又驚覺廿一世紀後的台灣與世界的距離居然愈來愈遠，於是我又開始籌畫法藍瓷陶瓷設計大賽，從兩岸嫁接到國際，希望借用文化藝術的無形力量，讓台灣的能見度與影響力逐步靠近世界的脈動。

雖然和半導體相比，工藝陶瓷之於台灣競爭力與國際化的貢獻難以與其匹敵，況且法藍瓷本身力量有限，僅僅是一個剛堪自給自足的中小企業。但自開辦比賽以來，我們從不言棄、也盡量最大化手邊資源，除了幾位台灣文創大咖擔任專家評委，還一步步地邀請到諸如法國國家博物館藝術史研究院院長Chantal Meslin、歐洲最大陶瓷博物館Porzellanikon Selb館長Wilhelm Siemen、前法國奢侈品協會主席Michel Bernardaud、景德鎮陶瓷學院名譽院長秦錫麟、中國藝術研究院藝術創作學院院長朱樂耕、北京大學文化產業研究院副院長向勇、北京今日美術館館長高鵬、英國聖馬丁藝術與設計學院陶瓷系主任Anthony

我相信一人一點光，總有一天我們可以為台灣指引一條走進世界的明路。

Quinn、日本工業設計協會會長田中一雄、法國藝術家協會會長Serge Nicole等等兩岸國際重量級專家評委，更吸引了來自全球超過卅個國家、將近萬名的設計新銳們共襄盛舉。

總結十多年「行路難、多歧路」的經驗，我覺得任何個人或企業的力量其實都無須妄自菲薄，與其浪費精神在改名重返聯合國之類不切實際的春秋大夢上，還不如用務實的心態整合自身優勢去創造與國際接軌的機會。我相信一人一點光，總有一天我們可以為台灣指引一條走進世界的明路，是而我們今年開始擴大轉型為「光點計畫」，從過去的十個入選名額激增到一百個名額，每位皆有三萬元的獎學金，還有機會與法國巴黎大皇宮（Grand Palais）、德國陶瓷博物館（Porzellanikon Selb）、北京今日美術館、英國陶瓷雙年展（British Ceramics Biennial）、英國聖馬丁學院陶瓷系（CentralSaint Martins）、韓國弘益大學、景德鎮陶瓷大學、中國美院陶瓷系等等國際設計機構院校進行巡迴展出或學習交換計畫，期待能夠挖掘出更多國內外的「光點」，聚集到這個來自台灣的設計平台之上。

走進世界的確是一條難走的路，但只要足夠堅持、聚集了足夠的光亮，相信在我們的腳下，就是明路。

18 匠心，這個時代最需要的治國精神

月初，我前去威尼斯雙年展，在這個縱橫斑駁又浮沉輝煌的古老城市，再次領略政經實力雖日薄西山、文創動能卻生機蓬勃的義式奇觀，奇觀之中的雙年展上，一如既往地展示著全球藝術家們對於這個充滿虛假與焦慮的時代所進行的洞察與反思。

此行令我印象深刻的並不是這些世界各地新銳深刻的藝術作品，而是路上看到的一部義大利政治諷刺電影「上流世界」（Loro），該片主要影射飽受爭議的前義大利總理貝魯斯柯尼（Silvio Berlusconi）紙醉金迷的權色人生，影片接近尾聲時藉著Veronica要離開主角時，叫囂出一段對於政治人物的失望與厭棄，在我看來，無疑是全片中心思想的具體呈現。

誠然，從義大利到台灣，甚至放眼這上百個參加威尼斯雙年展的國家裡，我相信今時此日地球上沒有一個國家的民眾，不對該國的政客們有著同樣的失望與厭棄，縱使民主共和

已經在世界遍地開花的廿一世紀，無論是獨裁政權還是民主制度，平民百姓似乎永遠受困於政客的權謀、算計與欺騙。

我是一個商人，當然清楚明白這個凡塵人間沒有什麼事情能迴避過權謀與算計，然而身為商人，我沒有辦法接受欺騙，如果付了金銀的貨款，只拿到銅鐵的貨物，任何人都會提起訴訟追回貨款。可惜過去廿多年，我們台灣人民如珠如玉的選票託付，經常只換來一堆殘磚破瓦一樣的治國品質，尤其面對現在檯面上這些只許州官放火、不許百姓燒香，又兼言語無信、行事無果的政客作為，我們其實討不回已經投出去的選票，只能徒呼負負的看著那些營私、造假、自肥、推諉、挑撥等等公然欺騙的行徑，繼續裹著各種台灣價值或民主自由的糖衣毒害著台灣社會。

所謂匠心，不過就是在理念設計、實際執行、團隊合作的製作過程裡永遠心手如一、不負始終。

當我環顧著雙年展內眾多精采紛呈、經過藝術家與策展人們謹慎思考主題、仔細挑選材質、精密計算角度的作品，我覺得藝術家的匠心，就是當代政治人物所欠缺的治國精神。所謂匠心，不過就是在理念設計、實際執行、團隊合作的製作過程裡永遠心手如一、不負始終。

從事工藝產業超過四十年的歲月裡，無論是木作還是瓷器，首先，創意構思與設計發想產品誕生的第一步，除了設計師原本熟悉的風格與取向，也必須考量到市場趨勢與公司策略來進行創意發想，確保每一件成品都屬於創意與市場兼具的美好。

以我們最虔心研究的陶瓷來說，從原料開始就力求盡善盡美，必須經過不斷的測試與研究，混合多種土質與水分比例，最後精心調製出特殊組成的胚土與釉藥。再者，讓這些冰涼灰白的泥漿，化作霞蔚凝姿的精品，更是一個冗長而繁瑣的過程，練泥、雕模、翻模、修坯、上釉、乾燥、裝窯、溫控等等，明代科學家宋應星在《天工開物》中記載：「共計一坯之力，過手七十二，方克成器，其中細微節目，尚不能盡也。」孰不知真正的工序何止七十二，且在這上百道工序裡，每一位工匠都務求忠於原始圖稿，兢兢業業、孜孜矻矻，才能確保最後終成大器。

君不見，正是這兢兢業業的心手如一、孜孜矻矻的不負始終，就是這個時代最需要的治國精神。

19 二〇二〇下一步，世界觀！

記得年輕的時候讀到歐威爾的《一九八四》，後來又看過庫柏力克的《二〇〇一：太空漫遊》，我總覺得像二〇二〇這種神奇數字應該只存在科幻小說或電影中，然而，彷彿才一跨步，居然已站在二〇二〇庚子鼠年。

二〇二〇對台灣而言，確實是個神奇年份，一場起伏跌宕大選年初落幕，結果並沒有改變台灣，除了在地緣政治戰略地位外，我國的整體影響力正以一種蒙太奇式解構姿態，淡出國際焦點或區域核心，無論在經濟、文化，還是科技方面，都不容樂觀。

值此同時，整個世界卻正不停地以同樣手法重組與進化，以鄰近的東南亞區塊為例，新加坡，甚至泰國已不在話下，這幾年在印尼、越南、馬來西亞等地往來，親身體驗著他們的奮發圖強、日新月異，無以計數的徵象與細節都告訴我們，亞洲四小龍時代終將過去，未來或有可能是屬於東協十國的舞台。

可是，我們並不在東協十國內，且在目前政治氛圍下，台灣經濟一邊是「側身西望長咨嗟」、另一邊是「南國路遙書未回」；對台灣言，二〇二〇不是一本小說或是電影，而是一局關係著未來二、三十年如何繼續以小搏大的決勝棋局。

其實，不該是政府選擇走向東西南北，而是政府與企業一起「咬定青山不放鬆、任爾東西南北風」。五十年前我創業時，還是舟車郵電很慢時代，寄一封國際信件，可能兩、三個禮拜才會收到回覆，參觀一間外國工廠，恐怕兩、三天交通才能到達，可是那時我們很能抓住世界脈動，無論這個世界要往哪裡去，當時的施政與商人都能迅速調整步伐、整隊跟上。

五十年後，一個按鍵就和千里之外溝通，一個日夜就能一趟來回天涯海角，可是卻覺得我們漸從表象全球化裡，失去對世界脈動的掌握，最近從文創產業發展方向可窺知一二。

不能加入國際組織也許不是末路，但不能掌握世界脈動，絕對是條窮途。重建一個宏大而真實的世界觀，就是台灣未來發展的不改青山。

一直以來，看似夕陽的工藝產業，產值向來是台灣文創前五名，大家寄予厚望的流行音樂與電影，加起來只有工藝的三分之二，我曾百思不得其解；後來看到聯合國教科文組織的統計數據，才發現視覺藝術與工藝居然名列全球文創出口產品（World Cultural Goods Exports, 2004-2013）的最大輸出量，二〇一三年甚至占總體七成一，珠寶金飾更一枝獨秀，產值是第二名音頻媒體的五倍，無怪乎ＬＶＭＨ的阿諾特願意豪擲近台幣五千億買下蒂凡尼珠寶。換言之，今天的世界脈動，和我們所想所感其實未必一樣，企業界、文化部與經濟部，或許可從目前文化折扣過高的音樂與電影，轉移一些心力到靜水流深的工藝產業中，未來坐看雲起，亦未可知。

誠然，不能加入國際組織也許不是末路，但不能掌握世界脈動，絕對是條窮途。在我看來，重建一個宏大而真實的世界觀，就是台灣未來發展的不改青山，如果能守得這座青山，台灣的下一步，將無往而不利！

20 科文共融——MIT的Next

二〇二〇年七月廿七日，法藍瓷舉行生技新突破記者會，一同為最新通過TFDA認證的3D列印瓷冠發表共襄盛舉，更有幸得到前副總統蕭萬長、行政院副院長沈榮津、宏碁集團創辦人施振榮、臺大牙醫學院院長林立德、交大電子工程系系主任洪瑞華等先進們致詞與肯定。因為這不只是一顆小小的瓷牙，它象徵著台灣中小企業也能突圍大廠的競爭壁壘，並且未來相關技術材料的應用還有望延伸到ICT①、SOFC②、航太等戰略領域。

當日沈副院長特別提及我們僅以兩年的時間成功跨界轉型開發出瓷牙列印技術，堪稱台灣的驕傲；實則是也非也，從藝術瓷器到生技醫材，這看似千山萬水的相遇，孰不知已跨越將近廿個年頭。雖然法藍瓷在二〇一八年才成立生技公司，二〇二〇年即取得GMP與TFDA認證，然而對於3D列印技術上下求索，早在二〇〇一年品牌成立之初就已啟動。

記得決定引進當時連高科技產業都少見的3D列印機器與相關技術時，很少人認同我們的抱負與視野，此後在各種作品製程中摸索著運用電腦建模、逆向工程掃描及3D列印等各項看似與藝術文化毫無關聯的精密科技，其中艱辛不足為外人道也。可是我一直相信人生沒有白走的路，每一步都算數，於是有了現在能夠自行研發列印機台、材料配方，與製造流程之專利實力與底氣。

除了相信沒有白走的路，我也相信科技、人文，與藝術三位一體是這個奇妙人間的底層邏輯，因為科技求真、人文求善、藝術求美，有了真善美，人生何愁沒有前程？十多年前，我曾為文創產業下過定義：「以創意為核心、以科技為後盾、以人文藝術為訴求、以市場為導向、然後結合生產、行銷與服務所創造出來的最具優勢的價值鏈」。今天，我發現這定義應該適用於每種現代產業，無論是陶瓷杯盤，還是3D列印，我們總是需要在科技、人文與藝術之間取得平衡，才能求仁得仁，君不見若沒有過去四十年在花鳥蟲魚上的琢磨鑽研，哪有我們在微雕工藝與3D製程上的另闢蹊徑。

廿一世紀全球競爭已是軟硬兼合、科文共融的多元格局，我由衷希望這個小小瓷牙的問世，能夠為中小企業帶來一點信心。

回顧四十多年來的過往，我一直問自己：「What is Next？」從音樂、貿易、皮件、木器、樹脂、陶瓷到品牌，我們不想被時代超越的唯一辦法，就是去超越時代，所以一直堅持在文化藝術土地上翻山越嶺，卻也從未忘記探尋科技的星辰大海，從代工中期以後，我們也開始涉足火箭、飛船、農業、醫藥，甚至iPhone手機螢幕裡都有用上我們其中一家公司的專利技術。

台灣自詡科技島，但總是遺忘自己也有資格自成一個文化體，更重要的是，無論國際政治如何詭譎，廿一世紀全球競爭已是軟硬兼合、科文共融的多元格局，我由衷希望這個小小瓷牙的問世，能夠為中小企業帶來一點信心，相信科技＋，或文創＋，絕不只是一種概念，而是一個可透過整合自身優勢，去創造與國際接軌的利器，可以讓我們雖生困世、不墜青雲，這就是MIT的Next！

編按①：Information and Communication Technology的縮寫，意指資訊與通信科技，產業範圍包括：電子零組件製造業、電腦、電子產品及光學製品製造業、電信業及資訊業等四類。

編按②：Solid Oxide Fuel Cell 的縮寫，一般稱之為固態氧化物燃料電池，為利用固態陶瓷材料做為電解質的先進燃料電池技術。

卷 二

世界 × 創新

卷首語

跨越・世界熵增

此時此刻，這個世界正經歷從冷戰之後全球化浪潮的最低峰，同時也是繼上世紀初西班牙流感以來全球性瘟疫的最高峰，然而，即使全球80%的邊界近乎封鎖以及80%的國家爭鋒相對，目前似乎沒有一個國家能夠在這場浪潮低峰與瘟疫高峰中獨善其身。

那個因為貓的假說幾乎被當成哲學家的量子物理學家薛丁格認為：「生命就是個減熵的過程。」熵增概念確實非常傳神地描繪出人世間有如逆水行舟、不進則退的哲學形象，用淺白的說法就是，宇宙的真理是希望一切都走向平庸的毀滅，全球性瘟疫是一個熵增，全球化低峰也是一個熵增，因為按照熵增定律，愈是孤立的封閉狀態，就愈有混亂與崩潰的風險，愈是資源稀少或體量小的系統，面臨熵增的風險係數越高。

如何減熵，正是身在廿一世紀二〇年代的吾輩們，亟待一起共同跨越的挑戰。然而一面跨越熵增，一面也要為自己與他人創造價值，我認為有兩種創造價值的方式，一個是「盒子之外」、另一個是「共善共巧」，值得我們共同深入思考。

我對「盒子之外」的感悟，主要來自於二〇一四年我希望台灣文創能從一個「盒子之外」的創新角度去繞過政治暗礁，匯集華語區域的「人流」、「錢流」、「創意流」以壯大我們的文化腹地，打造台灣「亞太文化產業營運中心」，其後幾年我又走訪了不少國家，不若尋常以往的旅遊觀光，而是和各個國家產官學界的領軍人物來往應對，除了我由衷佩服的新加坡與以色列，無論歐美日韓，還是東南亞與印度的經驗都給我帶了深刻的省思，特別是二〇一九年林茲電子藝術節四十周年「盒子之外」的主題，也正好呼應了我一直相信的跳脫想法，不難發現那些真的能在盒子之外創造價值的國家或是團體，都是懂得珍惜與活化傳統文化，審度時勢變化之後，再與外界碰撞整合。

另一方面，病毒、仇恨、碳排放以及核廢水，即將標誌著二〇二〇年以後人類文明的熵增走勢，截至目前為止，我認為大國之中，只有德國表現得較為克制與平衡，所以我當時特別提及其總統史坦麥爾的復活節談話，他說：「這場大流行不是一場戰爭，不是國家相爭、不是軍隊互殺，這是一場人性的測試，它同時喚起了人性的美好與惡劣，且讓我們選擇向彼此展現美好。」如果我們將大流行三個字，用上述提及的仇恨、碳排放以及核廢水中任何一個名詞代替，這句話也都完全成立，因為在這個電視都能和大腦連接的廿一世紀，人類的劫難終將成為一場「共業」，唯有學習「共善」與「共巧」我們才有機會化解共業，人類永遠不可能消除國家、民族、語言、宗教的多元，但在這些多元標籤下，那些生而為人的美好，諸如：公平、誠實、良知、博愛等，才是這場人性測試的減熵之後，人類最值得追求的存在價值。

以一種「盒子之外」的嶄新角度，「為善與眾行之，為巧與眾能之」，就是我們要跨越的世界熵增。

1 打破盒子，串起華人文創鏈

二〇一四年七月於我，又是一場大江南北。

從法國巴黎到彼岸杭州，我走過許多地、看了許多人、聽聞許多事，而每一次的會見與停留，都讓我感受到對岸的人流、金流、物流與訊息流，正在以一種鋪天蓋地的方式，與全世界的不同產業與社群進行著資源交匯的整合升級工程。

以文化創意為例，地產、金融、IT等等，無一不在尋思如何跳脫既有宏觀限制的現實條件，以「盒子之外」（Out of the box）的創新創意，融合文創概念，開拓出附加價值更高、國際視野更廣的藍海市場。

同樣身為華人文創圈一員的台灣，人才多元素質齊整，美學意識相形先進，加之沒有太過硬性的思想框架與政治風險，理應是一個更適合展示鳶飛魚躍的文創整合的地方，然而，我們已經過於習慣在台灣固有「盒子」框架裡行走兜轉，更嚴重缺乏腹地市場做為練兵與實戰的舞台。

舉例而言，風華横掃華人娛樂圈十年不凋的「康熙來了」幕後團隊不滿十人，而之前態勢紅火的大陸真人實境秀「爸爸去哪了」，據說光掌鏡就超過四十人。

台灣也許擁有麻辣犀利、自由開闊的創意優勢，但這樣的優勢在長期缺乏雄厚資金與外部活水灌注的枯竭狀態之中，究竟能夠維持多久，你我心知肚明，不只娛樂圈，諸如設計、表演、工藝等領域都面臨著類似的考驗，因此，造成近來我們文創相關的從業人員薪資水準與發展空間，在面對大陸、港澳與其他華文區域的競爭，都有著逆水行舟的力不從心。

華人文創應該先從一個園區概念出發，從一個「盒子之外」的新角度，建立起一個兼具人文藝術與產業實務的經營團隊。

無庸置疑地，台灣文創需要貼近兩岸三地，甚至是更大的亞洲市場，才能打破現在偏安圖存的不進則退，誠然征服世界華人圈絕非一夕之功，但我們可以利用其他途徑做到步步逼近，譬如說，目前大陸市場是華人圈中至為重要的逐鹿中心，雖說其中上海自貿區型態的成效各方尚在評估之中，但或可做為一個具備前瞻性的突破缺口。

我一直相信華人文創應該先從一個園區概念出發，由目前尚有些微先發優勢的台灣文創以領銜之姿，動員協作眾力，從一個「盒子之外」的新角度，建立起一個兼具人文藝術與產業實務的經營團隊，在上海自貿區或是其他條件相當的重點特區，劃分出一個串聯文創產業價值鏈的場域。

有別於其他以製造為主的產業園區，該場域必須取近於城市的商業心臟地帶，自成一個測試市場。

除了放寬的貿易限制、合理的園區配置、優惠的租稅政策、靈活的就業規範之外，最好再加上一個虛擬的網絡平台，用以連結華人暨國際市場，增加產業產值、商品流通及創意人口。

另一方面，既然計畫「走出去」，更要懂得「請進來」，遙想十年前亞太營運中心的壯志未酬，我認為和當初台灣上至政府、下至企業，都還未做好跳脫「盒子之外」的思想準備有絕大關係，十年後，我們依舊面對相似的挑戰，如何繞過政治暗礁，匯集華語區域的「人流」、「錢流」、「創意流」以壯大我們的文化腹地，造就台灣「亞太文化產業營運中心」

的戰略地位，將與台灣的未來定位與創意經濟的後續發展休戚相關。

華人文創自貿園區只是一個發想，真正會創造奇蹟的，是決定跳脫「盒子之外」的遠見、堅忍與魄力。

2 南韓Style……江南大叔的原則

朋友在上海的車隊經營得有聲有色，雖然車款在同業中稱不上豪華拉風，但憑藉著其謹慎可靠的服務品質，兩岸三地以及許多國際級的巨星，到上海展演遊玩都會徵用到他們的接駁。

這一次我到上海出差，也臨時向他調了一台車代步，當天的司機是該車隊的一把手，載過的大咖明星多不勝數，途中閒聊之際，我隨口問他既然載過這麼多名人，對於哪一個名人印象最為深刻？他想了一想，回答我：「江南Style的鳥叔。」

這個回答讓我不無驚訝，因為我以為他會說出哪個照亮華人流行音樂的教父級人物，或是某位橫掃全球票房十餘年的好萊塢超級美女，但是，鳥叔?!一個其貌不揚、繼騎馬舞之後，搞不好很難再續神曲奇蹟的韓國歌手，憑什麼可以從他的「超級名單」裡脫穎而出，我非常好奇地想知道為什麼。

「因為他很有原則。」司機先生如是解釋，他們車隊只有賓士、豐田和別克，反正只要低調安全，幾乎不曾遇過哪個大牌名人發表任何異議，而烏叔不一樣，他指名搭乘現代汽車，逼得他們只好遠從蘇州調來一台加長型的現代，才裝得下烏叔和他的助理及保鑣一行人，原以為烏叔會是一個難纏的傢伙，結果倒也不是，他私下都算隨和有禮，他的翻譯後來提到，烏叔覺得自己身為韓國人，身在異鄉應該盡量選用國貨，縱使他行程保密，不會有廣告效益，但這是他的原則。

一句「原則」，讓我對於烏叔的敬佩之情有如滔滔江水，更讓我對韓國近年的飛速成長有了新一層的體會。

愛用國貨是一種原則；尊師重道也是一種原則，我不由得不相信，就是對於「原則」的堅持與否，決定了這二十年來韓國與台灣的國力差距。

就在我去上海之前，正巧碰到一個學者好友抱怨，他受邀到一所大學做專題講課，原先預計兩百名學生參加，可是到場之後只看到約四、五十名學生，校方告知有四分之三的學生希望在視聽教室透過現場轉播方式上課，因為感覺比較「自由」。我的朋友感嘆台灣教育已經從根腐爛，為了留住學生，許多學校可謂一切從寬，美其名讓學生有充分自由去發揮創意，骨子裡卻是完全失去了教育應有的原則。如此失去「原則」的教育，即意謂著教出一群紀律鬆散、是非不計、大器難成的學生，就算他們都具備一身奔放的創意、絕頂的聰明，極有可能又成為一批為富不仁、得智不義的黑心人才，又將能為台灣帶來什麼樣的美好未來？

君不見，愛用國貨是一種原則；尊師重道也是一種原則，我不由得不相信，就是對於「原則」的堅持與否，決定了這廿年來韓國與台灣的國力差距。廿年前，當我們還和韓國同處一個勢均力敵的狀態時，我們遠比現在有「原則」，彼時大部分的我們，心中有國家、眼裡有師長、尊重紀律、景仰道德、推崇文化、愛惜羽毛，廿年後，台灣並不比當時更加體現自由的真諦或是創意的堂奧，可是卻丟失了修身、齊家、治國的基本原則。

所以，在我們吃著泡菜、看著韓劇、拿著韓製手機、穿著韓版潮服，嘲笑著韓國人恨不得偷走我們的孔子與端午節時，卻沒有意識到我們的思想、生活與競爭力都隨著被遺忘的原則，一點一滴地流失著自我創新的成長能量，原來廿年來的你起我落並非偶然，而是失落了原則，創意之於台灣，只不過是一個拔劍四顧心茫然的無用英雄。

3 以色列——因為傳承，所以創新

對以色列產生興趣，是二〇一三年前收到的一封信開始，該國前總統裴瑞斯（Shimon Peres）親筆寄來感謝函，盛讚我們做出這麼美麗的設計為他生活增色。原來，某位以色列國有創投基金的合夥人，送了一個我們的作品為他九十歲生日祝壽，從一個慣看風光的世界級人物特地來信表達其驚艷之情，不難看出他有多麼喜愛這個禮物。

其後，二〇〇四年諾貝爾化學獎得主阿龍·切哈諾沃（Aaron Ciechanover）受邀來台，同樣也在收到一件禮物之後，突然成了我們品牌的熱情粉絲，一口氣從南到北買了兩、三樣產品，不辭千里地帶回以色列，這便是以色列駐台代表何璽夢（Simona Halperin）後來引薦我認識切哈諾夫的主要原因，加上以國化學教授康南（Ehud Keinan），我不禁對這個毀譽兼有、飽受爭議的創新之國，油然升起一股高山流水的知音厚意。

二〇一五年十一月中旬，我如願拜訪了以色列，在Keinan個人保證信的護航下，我沒有感受到太多號稱全世界最恐怖難捱的的關防安檢，當我驅車於特拉維夫筆直綠化的城市道路上，也沒有絲毫身在一個備戰國家的特殊覺悟，一直到了世界三大天啟宗教發源地的耶路薩冷，站在名聞世界的哭牆前面，我感受著那深沉壯闊的祈禱能量，才終於找回一點以色列應有的史詩形象。

在這裡，我沒有親眼見識到原本預計的危險、偏見與衝突，相反地，我看見一個以科技與創新為發展主軸的發達社會，還有一群又一群在嚴謹紀律之下卻不失獨立思考與詰問精神的活躍份子，再者，猶太人的商業頭腦的確名不虛傳，連拜訪其國會秘書長時，他竟可以興致勃勃地和我討論起如何在以色列、北非甚至東歐各地拓點布局，一個如此熟悉國際商業情勢的政治人物，在台灣、甚至在全球範圍內都誠屬少見。

當然，這幾天的短暫平靜絕不是以色列的真實面貌，特別在我參觀了掘地三尺、兼做防空洞的兒童醫院、

這是一個無處不文創的國家，也許因為信仰的凝聚力，讓以色列士農工商們創新的動機、目的與過程，多半具有一個文化性的驅動存在……

彷彿泣訴著猶太巔沛歷史的博物館、致力讓國防安全更強大的研究中心，還有每個遇見的男女老少自豪熱烈地談論著各自當兵期間的所見所聞，相比於他們真槍實彈的親身經歷，大概只有在八二三炮戰時期服過役的台灣軍人可以一較高下。

從它枕戈待旦的激進不安裡，我發現到這是一個無處不文創的國家，在世故、精算與時而偏執的外表下，他們的本質其實十分文化，也許因為信仰的凝聚力，讓以色列士農工商們創新的動機、目的與過程，多半具有一個文化性的驅動存在，不忘延續著傳承千年的語言、藝術、歷史與哲學等形而上的非物質資本，無論是一個出生東歐的奈米化學教授，還是生於本土的網路創業青年，都可以自他們的行止間，感受到他們對於猶太文化懷有一種猶恐失之的慎重珍惜。

至此，我終於理解了為什麼他們很容易從我們的作品裡找到共鳴，因為我們也相信創新，更相信創新來自傳承，在我們描繪自然、徵引世界的形、色、質裡，亦不曾或忘五千年中華文化與陶瓷千載的根源脈絡，君不見欲「開來」者，必先能「繼往」，這是所有人類文明成就經典的不悖真理，當世界上許多人群揚棄了這個真理的今天，我看見以色列人依然在烽火與爭議裡，點滴實踐、倍道而前。

4 原生創新，決定台灣的產業高度

隨著地球氣候變遷、世界人口爆炸，民以食為天的農業重回新時代的顯學產業之列，在農業技術相對發達的台灣，不少尋求突破苦悶城市職涯的青年們，開始願意回到自然的懷抱，並不是重蹈過去看天吃飯的被動，而是希望結合知識、勞力與政策，主動創闢出一條天地人合一的生計新猷。

意欲發展農業文創化的阿志（化名），便是其中的一名佼佼者，三少四壯的年紀，貨真價實地靠著一、兩分薄田，闖蕩成如今腰纏千萬貫的富有花農，乍聽他的營收，我十分佩服年收千萬這個數字，但等到了解他的成本結構後，則令我陷入另一番沉思，他的主營項目是香水百合之類的球莖花卉，每年千萬營收的背後，扣除人工、地租、肥料等支出，還必須付出相當高昂的價格去向荷蘭購買最新的球莖品種，否則採收出來的花材將很難受到市場青睞，以至於台灣不少球根花農，皆是這個花卉王國的佃農之一，其超過三分之一的收益，都落入某幾家荷蘭花卉球根貿易商的囊袋中。

眾所周知，荷蘭的成功即是透過民間自發的集約經營，在自動化與規模化的基礎上，運用密集的資本、技術和投資，以精準的市場概念，不斷研發各色種源培育的原創專利，成功地將零散式的園藝農業，行銷成為一個全球化的高附加價值產業，如此一來，這個面積比台灣大不了五千平方公里、天然條件也不見特別優越的低地國家，其花卉產業的年均產值卻比台灣硬生生多了數十倍有餘。

然而，我認為台灣不僅欠缺荷蘭式健全高效的國際型產業價值鏈，我們更加欠缺的，其實是一股「原生創新」的根本精神，以及對於「原生創新」的保護尊重，因為一條成功的產業鏈、一款新色的百合球莖、一個新發想的漫畫人物，或是一件剛發表的藝術作品，在「原生創新」的階段皆如一同，都需要經歷一段曲折漫長的創作調適過程，以及可能不見天日的

一味擅使著別人原生創意的成就來生財，也決定了我們只能被定位在那些巨型產業鏈的末端，從事著代工、代銷、加盟、仿效等微利環節。

投資付出，才有機會出現在世人的眼界之中。

顯而易見，原生創新的孤獨煎熬，似乎不太符合台灣目前的主流價值觀，例如，前陣子在台灣各地村落興起一波波山寨彩繪風，吸引了眾多觀光客前來拍照打卡，也創造出短期的有利商機，但弔詭的是，這些彩繪圖案從日本的「海賊王」到迪士尼的「冰雪奇緣」，絲毫不見台灣自身的文化痕跡，連民宿也流行變身為藍白希臘與歐式莊園，除了侵犯著作權的道德問題，更駭人聽聞的是，有人竟認為這是台灣文創觀光的多元呈現！

對於成功文創作品的山寨抄襲或是IP改編，當然都是輕鬆愉快的短線捷徑，卻恰恰顯示了我們對於自身文化的無知輕蔑，何況一味擅使著別人原生創意的成就來生財，也決定了我們只能被定位在那些巨型產業鏈的末端，從事著代工、代銷、加盟、仿效等微利環節。

無論農業，還是文創，我相信它們都具備潛力成為台灣的明星產業，只是「與人問魚，不如授己以漁」，我們需要更多「原生創新」的投入，才能以高附加價值，提升台灣產業的真實高度，在日新月異的世界競爭裡做個大地主，而不自甘於當個小佃農。

5 如果阿特拉斯真的聳了肩

二〇一五年下半年出入各種與經濟產業相關的公私會議上，發現許多企業家不約而同地萌生一股不如歸去的倦勤之意。

他們的意興闌珊，讓我不由得聯想到《阿特拉斯聳聳肩》（Atlas Shrugged）——近六十年前美國小說家艾茵．蘭德（Ayn Rand）的哲學小說，書中描寫人們如何依賴以及需要那些改變並支持著世界轉動的創造者們，但卻反過來敵視他們的矛盾情結，並提出一個「當沒有了這群創造者時，整個世界又會變成什麼樣子」的大哉問。

在蘭德筆下，這群創造者們主要由企業家與科學家組成，他們像希臘神話中為世界擎起青天的阿特拉斯（Atlas）；如果有一天，當政府與社會對他們的要求，沉重到使之不堪重負時，他們決定一聳雙肩，那麼文明也將隨之毀滅。

多年前讀這本小說時，我已經擁有數家工廠及幾千名員工，雖然尚不及書中運輸公司與鋼鐵廠的宏大規模，但經營的點滴積累，讓我十分認同理性、目標、生產、自由意志、創造價值等主人翁們所代表的奮鬥觀點，對於人類進程的貢獻。

另一方面，我不能完全認同，蘭德過度美化個人主義與資本主義的同時，又過度貶抑政府機關與公眾團體存在意義，不只因為我相信做一個阿特拉斯是榮譽性的個人使命，也因為我更相信為社會創造價值的，不只是企業家與科學家，還有政治家、藝術家、教師、軍警、工人，及所有在工作與家庭崗位上敬業樂群的男女老少。

我一直認為，企業家集體罷工只是小說式的虛幻狂想，然而，當開始察覺到台灣阿特拉斯們其實很想聳聳肩時，我發現小說與現實的距離，不若人們想像中遙遠。

大部分企業家，都感受到我們已漸步入《阿特拉斯聳聳肩》裡那個風雨欲來的肅殺秋天。二〇一五年台灣出口大幅銳減，第二季的GDP只有0.64%，二〇一四年更成全球卅三個主要經濟發展國家中，唯一薪資負成長、通膨正

為社會創造價值的，不只是企業家與科學家，還有政治家、藝術家、教師、軍警、工人，及所有在工作與家庭崗位上敬業樂群的男女老少。

成長的國家。因民眾口袋變薄、對前景失去方向，再加上有心人的操弄煽動，集體恐慌轉化成仇富的對立情緒，導致社會氛圍把追求獲利的企業，全部畫上黑心廠商的莫須有罪名。一邊期待企業提高薪資，一邊抵制提高產品價格及拒絕政府減輕企業稅負；一方面期待企業加碼對內投資，卻又在攸關企業存續的水、電、土地與招工等政策上處處牽制。

甚至有人不辨是非的指責，為台灣打下根基的四、五年級企業家們，不願意卸下肩上背負的青天，讓年輕世代有發揮擔當的機會；說這些話的人不明白，當年我們拎著身家闖蕩天下時，既不是為了個人閱歷的壯遊，也不是為了任何免費的午餐，而是為了開發出彼時還矇昧未明的產品、技術與市場，然後一磚一瓦地建立自己的事業，也為台灣經濟撐起一片青天，畢竟能夠成為阿特拉斯的前提，是先證明自己具備打天下的企業家精神。

也許有人會說，他們不在乎企業家們是否聳了肩，但我覺得他們應該要在乎，雖說企業家們不是一個國家全部，但任何一個號稱不以營利為目標的冒牌阿特拉斯接過現有的重擔，我們頂上的青天就會隨著ＧＤＰ、就業率、薪資成長率等經濟指標，直接把台灣砸到貧窮線以下。

6 發展文創＋，讓台灣重返國際

對岸第二屆世界互聯網大會，像極一場中國互聯網行業鉅子的年度聯歡大拜拜，卻也成功地將一個樓台煙雨的江南烏鎮，幾乎打造成全球互聯網行業的下一個達沃斯（Davos）。

顯而易見，隨著中國勢力迅速崛起，類似博鰲與烏鎮的熱鬧昭示著歐美將不再是全球二元中心，雖然扶搖直上的中國互聯網產業，嚴格意義上來說，或多或少藉由國外創新概念以及國家保護主義而睥睨人間，但中國十三億人口市場資源與草根創意，確實帶給他們取之不盡的商業養分，順理成章地晉身全球商業圖陣上舉足輕重的高門大戶。

即使發跡於虛擬空間的互聯網，亦不能自外於區域整合的大勢所趨。

從這場大會的出席國家與談話重點，不難看出「一帶一路」鮮明身影，一場名為「數字絲路．合作共贏」論壇，成為商業鉅子間互動以外，另一個大會的重要環節，參與論壇的各國嘉賓除了就資訊基礎設施共建和資源整合模式創新等兩大議題進行交流之餘，論壇上還成立了「世紀聯合『一帶一路』數字經濟發展投資基金」。

「互聯網＋」與區域整合，無疑是廿一世紀的兩大國際主流，在這場既是彼此試探、也是私下較勁的大拜拜裡，對我而言，就是又一次展現被邊緣化的台灣正與世界漸行漸遠的落寞事實。

> **既然「互聯網＋」與區域整合可以成為全球的未來主流，「文創＋」與區域整合未嘗不是台灣回歸全球主流的未來。**

從ECFA、服貿協議、TPP、RCEP、東協十加幾，到與幾個重要國家的FTA，台灣似乎不是自我蹉跎就是過於天真，當前的亞投行與一帶一路等的國際整合新猷，如無意外，又將是一場浮雲懸念。

任何類似自貿協定或區域整合的實際成效，極大程度仰賴締結國家在經濟、政治、軍事和外交等方面的綜合表現，以台灣目前地位處境，以上種種都不屬於我們的強項，如同我一直以來所強調，我們唯一的介入途徑，莫過於利用最不具有威脅性、卻又可以彰顯台灣特色的文化藝術、小眾文創等人文建設來尋求新的國際地位，既然「互聯網＋」與區域整合可以成為全球的未來主流，「文創＋」與區域整合未嘗不是台灣回歸全球主流的未來。

日前我在兩岸文創高峰會上即力倡以兩岸和合的方式，用台灣對於小眾文創方面的開發管理優勢，為一帶一路的計畫成立一個「生活文化實驗室」（Cultural Laboratory of Living Styles）。

由於一帶一路上的參與國家眾多，彼此宗教、民族、語言、歷史等各方面關係其實錯綜複雜，為了能讓各國進入到經濟、政治、軍事和外交等屬於硬實力的利刃交鋒之前，藉一個立場更中立與文化導向的「生活文化實驗室」擔任媒介與緩衝的軟性角色，類似於聯合國科教文組織（UNESCO）之於聯合國的功能，使各參與國家通過關於生活方式與族群文化的深入探討與平等交流，增益相互的欣賞、信任與誠意，進而提高未來實際合作的成功機率。

當然，成立此機構需多方高度智慧的政治運作，以及一心一德的社會支持，但我深信「文創＋區域整合」是台灣回歸到國際主流的最佳契機，下一任政府絕對有其必要投入資源大力策動，假使我們再度錯過，恐怕再換幾任政府，都難以改變台灣與世界的漸行漸遠。

7 一步之遙，天堂與地獄的距離

記得對台頗友好的印度地緣政治學教授納拉帕特（M. Nalapat）曾經笑言，第一次來到印度的人常常覺得此處形同地獄；第二次來的人才會覺得彷彿人間；第三次來的人就會發現這裡勝似天堂。

雖然第一次造訪時我沒有感到形同地獄，但我相信，再來幾次也不可能覺得這裡勝似天堂。此番我第二趟來到次大陸，已經對它無所不在的貧窮髒亂與突如其來的豪奢鋪張有了心理建設，確實多了幾分回到人間的真實感，只是這人間徘迴在天堂與地獄之間，頗有一種上天不得、入地不能的侷促無奈。

我先是應邀造訪一家印度跨國公司位於某邦的企業分部，成行之前對方提出各種承諾與善意，未料會面之時，竟是一派虛浮的官僚習氣與前不著後的資訊落差，也許真像某個外國友人說的：小心印度人的I Can，那往往意味著I Can't。回程途中我除了懊惱，也不由得擔心起亟欲脫離中國概念的新政府在未來外交政策上，假若將重心直接調轉到強化對東協和印度關係的「新南向政策」，卻沒有事先具備圓融折衝的外交身段與靈便通達的貿易布局，恐怕又將是一場千里迢迢的失落蹉跎。

所幸，當我們轉到商業大城孟買之後，迎接我們的則完全是另一種與國際接軌的明快氛圍，特別是遇見了幾個身在印度文創與科技產業的關鍵人物，例如主導印度寶萊塢電影節的Sharma與印度大明星沙魯克汗（Shah Rukh Khan）的經紀人Lucky等，個個都是思路清晰、雷厲風行的效率作風，一席傾蓋如故的會談尚未結束，Sharma立馬安排我在他的公共電視台錄製一段關於台灣、兩岸與印度之間未來競合展望的訪問，同時也在短暫停留期間，順利接洽到穆迪總理推動印度百大智慧城市計畫中的一個負責單位，並且對方態度之積極迅速，和之前我們在印度其他鄉城所見的敷衍推諉有別於雲泥。

從種姓制度、基礎建設到語言歧異，所要跨越的山水何其浩渺，可是如果花上廿年去積累，一步之遙也可以帶領一個國家走向不可思議的境界……

這正是我第二次到訪印度的真實感受，一個天堂與地獄、先進與落後同時存在的熙攘人間，像極了廿年前的對岸，有著幾個蓄勢待發的重點城市、龐大參差的人力資源和幅員廣袤的落後腐敗，而印度是否能取代中國，未來成為世界領先的經濟大國與台灣可靠的外銷市場，我認為全憑整個印度的下一步究竟要踏向地獄還是天堂。

對一個天堂與地獄如此接近的國家而言，從種姓制度、基礎建設到語言歧異，所要跨越的山水何其浩渺，可是如果花上廿年去積累，一步之遙也可以帶領一個國家走向不可思議的境界，最淺白勵志的案例之一，莫過於廿年前拜託全世界去花錢的大陸，現在全世界都等著大陸人去他們國家花錢。

印度的天堂與地獄僅有一步之遙，台灣又何嘗不是？過去廿年，我們一步一腳印地背離了當初乘載民主富強的夢想與希望，所以，當我們再次重整裝備，躊躇於下一步是南向還是西向之際，其實更應該虛心審慎地衡量台灣真實的情勢、籌碼與利弊得失，才不會在不可為而為之的意識形態裡，又離台灣的民主富強更遠了一步。

8 君子欲善，民主社會的選民風範

「輕蔑招致輕蔑、暴力煽動暴力，當權勢者用權勢霸凌他人，我們全都是輸家。」這是公認地表最強的好萊塢女演員梅莉史翠普在金球獎上的一番領獎感言，典禮還沒結束，她柔中帶剛的沙啞哽咽，就已經在全球社交媒體上引領起八方唱和。

誠然，二〇一七年一月廿日就職的川普未必會按照他的政見，變成鎖國型的希特勒，畢竟他骨子裡就是精明商人，再加上身邊那位金頭腦的猶太女婿，即使最牴觸他的民主黨員也明白，這場選舉對於川普而言不過是另一場真人秀，他上台之後不會實際做出任何毀滅性的行徑，然而，為什麼史翠普的感言，仍造成如此巨大的回響？

因為她擊中了近年來許多民主國家面臨的病灶：「所託非人症候群的惡化轉移」，雖然一人一票的民主聽起來很動人，但並非總能達到選賢舉能的預期效果，進入廿一世紀後，金融泡沫與科技迭代加劇經濟動盪與社會壓力，加上ISIS崛起造成國際間劍拔弩張。各國草根選民們對於未來的恐懼轉化為對政府的憤怒，變得愈來愈不重視政治人物的理想、氣度與原則，反而更願意為偏激言論或狂妄舉措搖旗吶喊，於是有了諸如普亭、杜特蒂，還有某些歐洲極右派之流。他們的強我邏輯，席捲了很大一部分不滿現狀的人積極追捧，也引起不少社會中堅的深沉憂慮，因為歷史的教訓並不遙遠，現在這些唯我獨尊的仇外主張，有如一九三〇年代法西斯主義興起的前奏再現。

而史翠普更為憂慮的是：「當這些行為被某個當權者搬上公眾舞台時，這種羞辱的本能就滲入每個人的生活，因為某種程度上等於默許了其他人依樣畫葫蘆。」同理可推，從此川普的自大、普亭的好武、杜特蒂的狠戾與超級右派的狹隘，將成為這些國家，甚至其他國家未來世代的言傳身教。

所託非人症候群的解藥，其實就是《論語》的「子為政，焉用殺？子欲善，而民善矣。君子之德風，小人之德草，草上之風，必偃。」

反觀台灣，何嘗不也是所託非人症候群的重度患者，廿多年來經歷了沒有國家認同的當權者種下社會共識分裂的苦果；道德感薄弱的當權者培養了使命感欠缺的新官僚體系；方向感混亂的當權者錯過了撥亂翻正的改革契機；不肯走出象牙塔的當權者直接將國家趕進了死胡同。無論你承認與否，我們都還活在經國時代的德政餘蔭下，正值六都百里侯與在野黨黨魁之爭又開始之際，我們急需思考如何早日擺脫這場症候群的拖磨。

吾以為所託非人症候群的解藥，其實就是《論語》的「子為政，焉用殺？子欲善，而民善矣。君子之德風，小人之德草，草上之風，必偃。」只是身在民主社會，我們卻時常忘記身為選民的我們才是君子，如果你我都懂得實踐君子欲善的因果循環，將國家民族利益放在個人意識形態之前，選擇一個國家認同清晰、肩負道德使命、改革方向堅定以及確實願意走入人群與民為善的當權者，台灣才有機會在君子欲善的選民風範裡，發揮選賢舉能、德風草偃的正向潛力，向世界展示一個不自閉、不偏激、不狂妄的民主國家。

9 教育需要一個量子視野

第一次接觸量子醫學，是在上世紀九〇年代分崩離析後的前蘇聯。

彼時還沒有「量子醫學」這個名詞出現，只是在與我工作的科學家們強烈推薦之下，我們認識了另一群曾為克里姆林宮服務的專家研究團隊，他們擁有一台據說是希特勒為了長生不老而研發的治療儀器。

納粹垮台後，幾個科學家分別將之帶到歐美蘇聯等地繼續優化，這個蘇聯版本顯然是某個升級模型之一，測試者只要雙手握著電極通上電流，藉電流遊走全身的過程，可以偵測到人體內的病痛與症狀，然後放一顆特製方糖在機器上進行感應之後，這顆方糖就變成該測試者的「完美解藥」。

猶記那位蘇聯醫師在分析每個人的健康狀況時聽來都頭頭是道，但乍然面對一台近乎從科幻小說裡走出來的機器，理所當然我們俱是一笑置之，沒人相信它真能妙手回春。然而，同行有位友人因為各種原因結婚後多年不孕，那次「治療」後回去不久，居然意外傳來喜訊，究竟純屬巧合還是真有玄機，時至今日我們依然難下判斷。

時序廿多年後的今天，量子學說的應用與普及不可同日而語，不少人都聽過量子醫學或是信息醫學的相關科技或產品，也知道它們結合了中醫脈絡、阿育吠陀、現代醫學、德國傳統醫藥與物理機電等現代科技的各方之長，由於最近又有個機會接觸到一位馬庫斯・施米可（Marcus Schmieke）博士所製作的TimeWaver，比起當初那台企圖比肩華陀的機器似乎功能更為縝密，於是勾起我那年久日遠的蘇聯記憶。

雖然量子醫學目前尚處於一個介於科學與奇想之間的混沌地帶，但隨著量子理論的日新月異，人類必須承認生命的奧妙以及宇宙的形成可能遠遠不是現有的科學認知可以洞達透徹的。毫不諱言，我不是物理學家，無法掌握這些專業人士高談的量子函數與醫學5.0等學術用語，但對於

從一個人文信仰者的觀點出發，我也頗為認同人類所認知的世界並不是由物質，而是由能量或是意識所交織的一部鉅作。

量子糾纏（Quantum Entanglement）的超距感應之類的發現，我認為的確引人入勝，非常切合文創工作者的「靈感」之說以外，從一個人文信仰者的觀點出發，我也頗為認同人類所認知的世界並不是由物質，而是由能量或是意識所交織的一部鉅作。

而我在這浩瀚離奇的量子學說裡，感到最引人入勝的是那些孜孜矻矻的科學研究者們，不難發現最初在量子領域中頭角崢嶸的名家，諸如普朗克（Planck）、薛丁格（Schrodinger）、愛因斯坦、波爾（Bohr）等如雷貫耳的學者，除了身為一位物理學家之外，都在哲學與邏輯的領域裡造詣極深；縱然量子物理有時違反經典物理的直觀經驗，但他們皆能在具體實驗與抽象思想的結合上，展現出游刃有餘的觀察力、判斷力、演繹力與辯證力，這些能力正是目前台灣或是華人科學教育中最欠缺的思想盲點。

因為重理輕文的關係，我們長期忽略基礎教育中關乎哲學與邏輯的思辨訓練，誤以為大量的習題、應用、公式與定理的實務層面就足以代表科學的一切，殊不知正好相反，如同量子告訴我們的，一切物質的表現時常源於抽象的虛無，假使我們無法盡快將敬仰抽象、重視思辯的量子角度帶入我們的教育系統，我們永遠只是個製造大量中級工程師、卻無法養成偉大科學家與思想家的蕞爾之國。

10 台灣前瞻的活棋之路：氣與眼

二〇一七年七月，香港回歸正式屆滿廿年，為了慶祝一國兩制的成年禮，對岸聲勢浩大地簽署了一份〈深化粵港澳合作．推進大灣區建設框架協定〉，除了懷柔目的，更帶著長期戰略的考量，旨在藉由粵港澳的協力合作，打造出一座世界一流灣區城市群，吸引全球人流與錢流，成為宜居宜業的國際級生活圈。無庸置疑，這將是繼一帶一路之後，中國經濟發展上另一項歷史性的宏偉擘畫。

不只台灣，全世界都應該要密切關注未來港澳粵的實際發展，因為放眼粵港澳大灣區的版圖，從廣州、佛山、深圳、東莞、惠州、珠海、中山、江門，到香港與澳門，十多個實力雄厚的城市串綴在六點五萬平方公里的土地上，代表了整個中國改革開放卅年的前哨布局。其中，深圳特區的開發儼然是上世紀全球最具前瞻性的國家計畫之一，且目前深圳、香港、廣州已經躋身全球前五大貨運港之列，據悉二〇一六年粵港澳大灣區城市群的總GDP達到一點三六萬億美元的規模，是距離不到千里之外的台灣的兩倍之多，其7%到8%的平均GDP增長率，更是我們的四倍之譜。

諸如此類他迎旭日、我臨夕陽的數據可以隨手寫成一本萬言書，相信某些國人即使不願正視，卻其實了然於心。正值我們的前瞻計畫箭在弦上卻目標模糊的當下，面對五年內經濟吞吐量預計將追平東京灣區的粵港澳合作，不啻做為台灣一個審視何謂前瞻定義的他山攻錯。

什麼叫前瞻，前瞻就是看得遠，回首台灣過去最具前瞻性的加工出口區與科學園區；再對比大陸劍指未來的一帶一路以及粵港澳合作，我們不難發現這些前瞻性的發展規畫都圍繞著兩個主題：「內外流通」與「特色產業」。

略懂圍棋的人都知道，做活一盤棋，致勝關鍵在於「觀氣」與「做眼」，有道是「一枰棋盤天下事」，下圍棋就如同一場關於前瞻布局的推演，首先講究數外氣、緊內氣，而這個氣即是一種內外流通的概念，尤其台灣屬於外銷屬性國家，貨暢其流才能創造價值，而且這個

如果主事者願意下一點「觀氣」與「做眼」的功夫，我相信，前瞻計畫仍然有機會使出反敗為勝的一記妙著。

流通必須一路延續到寶島之外方能算數。無怪乎現在許多產學研界以及一般民眾，對於前瞻計畫中花了一半預算只為發展島內輕軌，卻沒有著墨國際市場與貿易通路而感到惶惶不安。

竊以為前瞻計畫雖然勢在必行，我們政府確實應該將粵港澳的灣區發展模式當作台灣前瞻計畫的對手棋，審慎觀察彼此之間的氣數消長，重新思考前瞻計畫中究竟有那些項目能為台灣的內外流通做出實質貢獻，畢竟台灣的命脈不是內陸交通，而是外銷市場。

再者，下棋還講究「做眼」，正好比台灣四十年前的製造業之於加工出口區，或是廿年前的半導體業之於科學園區，因為有了「眼」，才盤活了該項計畫。反觀前瞻計畫中稱得上產業的項目林林總總，從數位、綠能、水利到交通，看似個個都走在時代尖端，但究竟哪一個可以成為前瞻計畫中的「眼」，可以取代半導體產業成為台灣下一個世代的支柱型產業？我想，除了幾千億的硬體預算，我們更迫切需要國家推出正確的政策扶植新一代的產業經濟，以及留住不停向對岸流失的優秀企業與各界人才。

雖然目前的前瞻計畫似乎看得還不夠遠，但我覺得未必注定是一盤死棋，如果主事者願意下一點「觀氣」與「做眼」的功夫，我相信，前瞻計畫仍然有機會使出反敗為勝的一記妙著。

11 永遠BEING，所以英國

月初，應英國牛津大學皇后學院及瑪格麗特夫人學堂（Lady Margaret Hall）之邀，前往牛津大學訪問，並在中國中心（China Center）進行一場關於現代絲路與兩岸市場的研討講座。

雖然在九〇年代就展開和英國的合作、產品賣進了哈洛德百貨，也和不少英國瓷都Stock-on-Trent的產學研人士有多年交情，直到此次牛津訪問後，我才更明白為什麼一個相對人口土地受限的群島之國，可以一直勝任推進世界文明的重要角色，成就工業革命、君主立憲、金融保險、公共衛生等改變近代社會面貌的政經發展，也孕育眾多戲劇、小說、時尚等文化符號。

訪問從參觀艾許莫林博物館（Ashmolean Museum）揭開序幕，成立於十七世紀的它，幾乎是英語世界第一個大學博物館，也是第一個公眾博物館，期間館內幾個東方主題相關的策畫負責人全程講解，允許我和幾件重要館藏陶瓷做「零距離」接觸。

當晚，該校專研快樂學的神經學教授克林巴赫（Morten Kringelbach），特別在皇后學院主持一場牛津傳統式高桌晚宴，邀請院長和跨學科院士們一起正裝與會，我們先從正式晚餐開始，接著移步偏廳喝酒，三巡後再到另一小廳飲咖啡才算結束。不過，這天晚宴延續到我和克林巴赫輪流彈奏鋼琴，在討論音樂與人腦話題裡才告一段落。

次日，又在瑪格麗特夫人學堂和專門研究東方政經文化領域的學者們，再次體驗牛津高桌晚宴魅力，兩個晚上讓我對牛津兼重學術與儀式、嚴謹與風雅、科技與藝術的學風感到深深折服。

另一方面，我在中國中心演講也收到許多正面回響，過去此類演講多半偏向學術研究，少有企業主現身說法分享跨國產業經驗，而我的分享中關於「文創十」及包括台灣「新南向」、大陸「一帶一路」兩岸不

英國從來沒有放下對於過去的驕傲與執著，卻也永遠保持一種在務實的基礎上「敢為世界先」的BEING姿態，才屢屢創造出更上層樓的視野與格局。

同路線，卻皆可結合「文創＋」的現代絲路新詮釋，都讓他們發言踴躍，其中頗負盛名的賽德商學院（Saïd Business School）的創業育成中心「牛津鑄造」（Oxford Foundry）都考慮要和我們的國際生活實驗室合作，攜手開拓跨文化的「文創＋」與商品、金融或科技結合的不同疆域。

莎士比亞名言「To be or not to be, that is a question.」大哉問，在這個世界級學府裡，我們也看見這樣徬徨與焦慮，特別是脫歐後，悲觀有之，樂觀亦有之，但脫歐後，他們得以回頭擁抱大英國協會員，並在外交經濟方面的縱橫捭闔更加靈活，畢竟英國十分嫻熟於平衡傳統與現代，又擅長融合保守與激進，輾轉在to be or not be之間，他們從來沒有放下對於過去的驕傲與執著，卻也永遠保持一種在務實的基礎上「敢為世界先」的BEING姿態，才屢屢創造出更上層樓的視野與格局。

我們可說牛津大學是英國菁英社會的縮影，他們不忘過去、樂見將來、非常務實、永遠BEING，可謂是真正的英倫風範！

12 我們的過去未過．他們的未來已來

兩千多年前，管仲就以「十年樹木、百年樹人」比喻告訴後世關於人才培育之不易，而在凡事都以十倍速發展的廿一世紀，十年樹木之間，其實就可以窺見一個國家的人才培育建樹幾何，並從人才建樹裡，可以相期一個國家只能苟延朝夕，還是屹立春秋。

舊曆年伊始，在教育部遲遲不核批台大校長人事，造成台灣最重要人才搖籃之一的內外事務停滯不前，且引起各界譁然的沸沸揚揚聲中，對岸一個重磅級的惠台卅一條，直接示好台灣各行各業的高等專業人才，甚至鼓勵台灣教師到大陸高校任教，並且承認在台年資與學術成果等等。除了統戰目的強烈，對岸的求才心切也是斑斑可考，我們只需略加推敲，便不難發現他們的人才培育已然一腳跨進了一個新紀元。

他們的新紀元可以用一句話概括：「得語文者得天下，得ＡＩ者得未來。」

在語文方面，根據對岸《普通高中課程方案和語文等學科課程表標準（二〇一七版）》，從二〇一八年開始，大陸高中將大幅度的側重國學經典的閱讀理解，除了既有的《論語》、《孟子》、《莊子》外，更增加了《老子》、《史記》等文化經典，要求學生廣泛閱讀覆蓋先秦到清末各個時期的古詩文。另外，明確規定課內閱讀篇目中，中國古代優秀作品應占二分之二，再進一步將古詩文背誦推薦篇目數量從十四篇（首）增加到七十二篇（首）。

這一步擁抱經典的大跨越，其實是歷經了文化革命、改革開放到大國崛起的五十年間緩慢而痛苦的轉身，他們終於醒悟，原來堅實的文化建設與優越的語言表達，關乎一個民族的思維力、辯證力、想像力與影響力，所以一面繼續進行超英趕美的模仿整合，一面掉頭回到上下千年、浩如煙海的中華文化資本裡，企圖拾起那一捧屬於自己的創意源頭。

當然除了語文之外，科技亦是富國強兵的重中之重。二〇一七年中，大陸政府頒布了新一代人工智能發展規畫的通知，從小、中、大學相關課程開始布局推進，設置人工智慧相關

不要再糾纏著那一段段錯誤的歷史裡尋找錯誤，你們只是在製造出更多的錯誤，以至於讓整個台灣社會都搞不清過去，也看不見未來。

課程，建立人工智慧學院，增加相關碩博士招生，另立專門管道與特殊政策，加強人工智慧高端人才精準引進，誓言到二〇三〇年，舉國之力一定拿下全球人工智慧制高點。

我和馬斯克（Elon Musk）一樣，對ＡＩ的前景憂多於喜，但我也承認這是一個人類必無可避的將來，因為它不只關乎一個國家的經濟發展、更是生存機率。誰掌握了最精準高效的ＡＩ，誰就有了一雙操控數據、系統、勞力與武裝的翻雲覆雨手。所以，近年來世界各國紛紛投入ＡＩ研發，就像半個世紀前的核武競賽一樣瘋狂，大陸的綜合實力相比半個世紀前不可同日而語，十年之後變成ＡＩ強國絕對也不算上狂妄之言。

只是眼看對岸的人才培育都已經來到了二〇三〇年，而咱們堂堂民主台灣竟連一個大學校長任命，都還在過去遺留的政治意識形態裡載浮載沉。我忍不住想要提醒那些自詡為過去受難者討公道、自詡熱愛台灣，卻一直罔顧台灣利益的島國思維分子們，不要再糾纏著那一段段錯誤的歷史裡尋找錯誤，你們只是在製造出更多的錯誤，以至於讓整個台灣社會都搞不清過去，也看不見未來。

當我們的過去未過，他們的未來已來，愛台灣的你們應該惶恐！

13 粉飾太平的同溫層民主怎能叫民主？

在我成長的時代背景裡，對於政治是嗤之以鼻的，總覺得那就是一座權力與文字的鬥獸場，於是從大學開始，一路玩音樂、做生意，年輕氣盛的我自詡可以過著歲月不驚、天地不怕、「帝力於我何有哉」的逍遙人生。

孰不知隨著閱歷增長，漸漸領悟到政治固然麻煩，卻是一個無所不在的存在，因為政治影響經濟、經濟影響生活、生活就是你我，放眼天下的各個角落，有幾個角落的生活能夠自外於政治與經濟，能夠真的做到「帝力於我何有哉」？

所以二〇一八年九月拜讀到陳長文先生〈談或不談「政治」？〉一文時，頓時覺得心有戚戚焉。因為我也遇到過相同的情景，正值當前九合一選情日益緊繃，在我某個校友會LINE群組裡，某位校友分享了一則時事評論，而另一個意見不同的校友立刻請他不要公開分享政治議題，後者的理由居然是因為民主社會裡大家各有所好，既然政治觀點不同，應該私下交流，不應該互相影響；前者並未多加辯解，迅速撤下相關文章，於是我們的群組又重新回到原本旅遊、美食、養生、投資等等看似船過無痕的昇平景象。

然而，我們彼此心知肚明，現在每一位身在台灣的人民無論政治觀點如何，或多或少都有著對於現狀的不滿以及對於未來的惶恐，但因為不能任意分享，只能在這片昇平景象下波濤洶湧。

這不就是台灣社會的縮影？基於某種粉飾太平的以和為貴，大多數人在公共場合上對自己的政治傾向惜字如金，甚至有些人表示自己不關心政治，可是私下卻在各自政治同溫層的媒體、社團與群組裡同氣連聲。長此以往，造成某些陣營的政治觀點只會在固定領域內近親繁殖，於是所有貪汙腐敗、背信忘義、抹黑鬥爭與無能失德，都可以在意識形態的基因複製下野蠻生長，最終演化成現在這樣畸形殘缺、面目猙獰的分裂與對立。

既然我們身在民主社會，享受著民主的光環與權益，同樣也承擔著民主的責任與義務，思辨與論證就是民主社會裡公民的責任與義務之一。

誠然，分裂與對立絕對是民主社會的副產品，而另一方面，思辨與論證也應該是民主社會的必需品。既然我們身在民主社會，享受著民主的光環與權益，同樣也承擔著民主的責任與義務，吾人以為，思辨與論證就是民主社會裡公民的責任與義務之一；是而我無法理解如果遇到不盡相同的政治觀點，為什麼不願意彼此深入了解、對比推敲、歸納總結之後再提出看法論述？千萬不要說這屬於知識分子的工作，面對政府績效與政策制定做出跳出同溫層的探討與辯論，這其實也是普通公民的工作，如果連最基本的好奇心、思辨力與論證力都付之闕如，那麼活在威權時代與民主社會又何來區別之有？

二〇一八年的台灣是一個民主國家，卻不是一個民主典範，並不是因為真的藍綠政客一樣爛，而是躲在同溫層裡選出這些政客或乾脆放棄投票的公民們，沒有善盡公民的責任與義務，如果我們可以在公開平台或各類群組裡一起打破養生迷思或是分析產業方向，為什麼我們不能在上面一起打破政黨迷思或是分析政策方向？

經歷幾十年「對立式」假民主的你我，必須開始學習欣然面對所有政治同溫層外的思辨與論證，畢竟，我們的柴米油鹽與風花雪月並不存在於我們彼此的同溫層，而是存在於這個我們所選出的政府治理下的真實世界。

14 城市藝術的中年危機與青春秘訣

林茨（Linz）是奧地利第三大城，人口廿萬的古城，每年湧入六十萬觀光人潮，並不是因為它是鋼鐵或是化工重鎮，而是為林茲電子藝術節（Ars Electronica Festival），一個享譽全球的電子藝術盛會，引領著全世界結合藝術、科技與生活的創作思潮，於二〇〇九年被歐盟列入歐洲文化之都行列。

二〇一九年正好是林茲電子藝術節四十周年，共有來自近五十個國家、一千多位藝術家、工程師和科學家參加，規模幾乎幅員了半座城市，從藝術節的大本營同時也是舊時的郵政中心延伸到修道院、博物館、大學、公園、商場等，一整條林茨的核心街道都成了藝術節的展示空間，根據主辦藝術節的電子藝術中心藝術總監Gerfried Stocker向我透露，從一開始舉辦這個展覽時，就不只是一個藝術展覽的概念，而是傾城之力的共襄盛舉，當時主辦單位讓家家戶戶都同步播放某一個指定電台的音樂，讓觀眾一踏上林茨的街道，便自然而然地連接到藝術節的頻率之中。

邁入不惑之年的電子藝術節，今年非常應景且幽默地將主題定為：「盒子之外，數位革命的中年危機」（Out of the Box：The Midlife Crisis of the Digital Revolution），「盒子之外」不只跳脫框架的原始涵義，也是對數位革命半世紀以來的反思與自省。現代文明生活確實受到科技產品囿限，人們由於貪圖便利與享受，失去某些身而為人的自由與想像；然而，我在這場藝術盛會上走了幾天，完全感受不到數位科技與藝術生活間融合裂變的中年危機，從AI參與創作的馬勒未完成交響曲，到8K全息投影的太空深處，不難發現人類對於自我表達及科技發展的渴望與依戀，永遠奔騰不息。

在我看來，林茲電子藝術節沒有中年危機，尤其隨著AI與VR技術日新月異，這個少年應該沒有老之將至一天。只是林茨電子藝術中心，也面臨城市擴張與改造需收回土地、大型裝置藝術影響消防法規等，看似市儈官僚又不得不為的種種問題，但我相信以它不會因此

台灣城市藝術需要找到自己的「大師」，也就是「形式」與「內容」，如同林茨成功立基於自己特色與定位的「形式」……

卻步。

最近在探索台灣發展城市藝術的可能性與切入點，所以之後又奔赴威尼斯雙年展，一來一往間，我覺得真正面臨中年危機、需跳出框架外的的恐怕是城市藝術。記得清大老校長梅貽琦曾說過：「所謂大學者，非謂有大樓之謂也，有大師之謂也。」台灣城市藝術需要找到自己的「大師」，也就是「形式」與「內容」，如同林茨成功立基於自己特色與定位的「形式」，又恰巧迎上文明發展的浪潮，得以海納百川匯聚全世界的電子藝術「內容」，這是林茲電子藝術節永保青春的秘訣，也是台灣城市藝術加強全民美學教育及活化傳統文化資本外，需要藝術家與文創人一起虛心求索的城市未來。

15 求真者生·魔幻者亡

末日假說一直是人類文明裡永恆的焦點話題之一，無論主題是毀滅還是重生，各種充滿未知恐懼的神祕結局，幾千年來在世界各國的文化作品與社會意識中，始終靜水流深。

二〇二〇年春天，大概是第二次世界大戰以來，全體人類感覺末日假說可能成真的一個歷史性時刻，隨著多國重量級政治人物紛紛陷入感染危機，這一場近乎空前的全球大流行正中了許多反全球化人士的下懷。世界上愈來愈多重要的國家邊境進入封鎖狀態，卻也不失諷刺地證明了一樣事實，今天的世界各國在疫情爆發、經濟跳水、股市熔斷的連環衝擊之下，誰又能真的獨善其身？

其實，人類文明早已進入一種魔幻寫實的思維狀態，看似合理、實則虛妄、真真假假、錯綜複雜。也許是人工智能、也許是生化武器，我們不斷積累的人禍總是會等到天道輪迴的那一天，今天的病毒恐慌當然還不是世界末日，只不過是崩潰前的更進一步。

雖然病毒確實可怕，卻可怕不過人心，好在它像是某一筆錢權交易或是某一場族群操弄，所以大部分的國家機器與資訊控制在病毒面前難以施展。君不見，從湖北爆發疫情之初，輿論從來沒有停止過對於大陸疫情發展的各種質疑，以至於他們必須實時公布各種數據以及撤換一票高官要員才能稍平眾怒。而當病毒侵襲到歐美各地，我們又看到了以英美為首的無知傲慢在抵擋不住的發病案例前逐漸潰敗。對我而言，金正恩號稱百毒不侵的「白頭山血統」和強生（Boris Johnson）的「全民抗體」一樣魔幻寫實。

二〇二〇年原本應該占據全球頭條不是疫情，而是美國總統大選，只是在全球性的病毒威脅之中，我們忘記關注這個足以影響下一個十年的世界局勢的政治動向。就在歐美疫情蠢蠢欲動的三月初，包括眾議院議長波洛西（Nancy Pelosi）在內的民主黨要員們集體抗議臉書上的川普競選廣告，該廣告涉嫌以「公民普查」的名義蒐集選民情資，雖然很快被臉書撤下，

正是這場帶著末日氣息的疫情蔓延，提醒著我們應該更關注事件的本質，而不只是社交媒體或新聞頻道推送給你的資訊。

卻又再次凸顯臉書以及其他社交媒體為當權者或有錢人服務的資訊危機。劍橋分析的殷鑑不遠，卻沒有得到輿論的重視與警惕，今時今日，無論身處在民主社會還是專制國家，我們在臉書與LINE等社交媒體上得到的資訊，都可能是刻意誤導與潛在洗腦。

二〇一九年轟動一時的Netflix原創紀錄片「個資風暴」（The Great Hack），以及其主人翁凱瑟（Brittany Kaiser）所寫的暢銷書《操弄：劍橋分析事件大揭祕》就是翔實記錄著，不同政府如何用我們自以為熟知的社交媒體操弄人民的選擇與心智，比起人人聞之色變的肺炎病毒，這種病毒式的資訊洗腦恐怕更符合末日假說的情節鋪墊。

亞里士多德曾說：「智者理當在乎真理，更勝於人們的想法。」（The high-minded man must care more for the truth than for what people think.）不過一場疫情，讓許多人更清楚確知整個世界，無論民主還是專制，除了病毒，彷彿什麼都可能是一場刻意編造的魔幻寫實。然而，正是這場帶著末日氣息的疫情蔓延，提醒著我們應該更關注事件的本質，而不只是社交媒體或新聞頻道推送給你的資訊。

在這個魔幻更勝寫實的資訊時代，唯有抱持著事事存疑、挑戰權威的求真精神，腳踏實地面對自我與世界，有朝一日，我們才有可能從末日的恐懼裡由死向生。

16 病毒之前，何以獨善？

復活節後，一切彷彿有了重生轉機。日前紐約州長郭謨表示，最糟的情況已過去，可以開始準備重啟經濟活動計畫。誠然，在這人人自危、一日三變的疫情時期，這消息不可不謂振奮人心，然而，吾以為也許美國疫情低谷已過，但對全世界而言，最糟的情況應該還沒有到來。

君不見，郭謨州長考慮重啟經濟活動隔天，川普總統即宣布暫停資助ＷＨＯ，在某些台灣人眼中好像為我們出了一口氣，但明眼人都知道這不過是大國博弈再次起跑的正式鳴槍。無庸置疑，二〇二〇年的一場病毒爆發，不只是全球經濟可能面臨上世紀三〇年代經濟大蕭條後最嚴峻的考驗，世界格局也將面臨冷戰結束後最詭譎的新局。

將近卅年前杭廷頓所列出的九大板塊，今天依然互相推擠，其中西方文明板塊似乎出現分化傾向，因為歐盟並沒有在WHO這事件上和美國完全同調，畢竟前者愈來愈不樂見後者想要繼續擁有世界霸主的排場好處，卻拒絕埋單付帳的跋扈。同時，後梅克爾時代的歐盟內部，各國領導人物也無不力求在這場病毒危機中，做一名順勢英雄。

誰不想當英雄？過去三、四個月，我們看到全世界排得上名號的領導人，爭先恐後地想要成為抗疫英雄，可是他們多半從圍觀、錯愕、焦慮，到止損，都忽略做個真正英雄，絕對不能只管征服、不願犧牲；不能只亮鋒芒、不講仁義；更不能只想出頭、不顧成全。

只有德國總統史坦麥爾在復活節公開談話，讓我聞到一絲英雄氣息，他說：「這場大流行不是一場戰爭，不是國家相爭、不是軍隊互殺，這是一場人性的測試，它同時喚起了人性的美好與惡劣，且讓我們選擇向彼此展現美好。」他同時強調團結，歐洲的團結及世界的團結。

我們不可能消除國家、民族、語言、宗教等方面的多元，那些生而為人的美好，諸如：公平、誠實、良知、博愛等，才是這場人性測試的知識重點。

這段談話讓我想到戰國名家尹文子：「獨善獨巧者也，未盡巧善之理。為善與眾行之，為巧與眾能之，此善之善者，巧之巧者也。故所貴聖人之治，不貴其獨治，貴其能與眾共治也；所貴工倕之巧，不貴其獨巧，貴其與眾共巧也。」

在這個連桌椅都想要用物聯網相連的今天，人與人之間的聯繫，豈又能止步於國界？依照現在國際情勢發展，最糟的情況是各國繼續互推責任，甚至進一步出手爭奪資源，加重全球經濟的慢性蕭條，直到各國內部集體恐慌與社會矛盾激化到開始破壞世界秩序的均衡狀態為止。

所以，無論是經濟復甦還是疫苗研發，疫情時代的我們也需要學習「共善」與「共巧」，無論未來有沒有ＷＨＯ，任何形式的國際合作，需要的都不只是國家利益、也有人性美好，我們不可能消除國家、民族、語言、宗教等方面的多元，但在這些多元標籤下，那些生而為人的美好，諸如：公平、誠實、良知、博愛等，才是這場人性測試的知識重點，「為善與眾行之，為巧與眾能之」，這是二〇二〇年全人類的大考，畢竟站在病毒前，沒有一國能獨善其身。

17 寫給以為自己是獅子的綿羊們

雖然台灣股市一直穩坐萬點，但是從基層百姓到中小企業，在疫情防治尚在草木皆兵的階段，民生困頓的現實已然蓄勢待發。如同其他國家，台灣也提出了一套紓困政策，可是我們的紓困政策似乎只是一種政治意圖的宣達，缺少完整的配套與執行，甫一出台就發現怎一個亂字了得！人民這時才發現我們授之以選票與稅金的政府，卻連濟貧、紓困、刺激消費等等異同之處都未能全盤掌握。

就在地球的另一端，我們常常馬首是瞻的美國同樣雞飛狗跳，美國勞工部近日公布最新就業數據，四月分非農就業人數大減二千五百萬人，失業率也飆破14.7%，到達二戰之後最差紀錄；另一方面，根據美國政策研究院（Institute for Policy Studies）的報告，在疫情集中爆發的三到四月間，美國財閥的總體資產居然同比上升了10.5%，而且某些特定財閥還得以優先享受到美國政府數以兆計的經濟刺激紅利。

吾以為二〇二〇年的這一場世紀疫情，不啻為現代民主制度的一面照妖鏡，我們總以為民主是最理想的政治制度；然而，愈來愈多證據顯示，如今的民主制度在本質上也是一種美化後的封建制度，過去是被君主與貴族統治，今天則是被政黨與財閥主導，基層人民與中小企業一樣是被剝削操控的底層階級。當我看到那些甘冒感染風險在區公所前排起長隊填表的人們，以及世界上各色人種驚愁滿面地申請救濟補助的類似畫面時，我相信他們其中任何一個人躋身權貴的機率，和中古時期某個鄉民變成領主的機率並無不同。

我不由得想起之前很火的「權力遊戲」（Game of Thrones）裡的一句經典台詞：「獅子何必在乎綿羊的想法。」（The Lion does not concern himself with the opinions of the sheep.）高高在上的獅子雖然以羊群的血肉維生，但獅子的絕對優勢讓牠完全無須在乎羊群的喜怒哀樂，這不就是今時今日的社會寫照？在窮凶惡極的病毒之前，平民百姓的身家朝不保夕，而權貴豪富的財富卻

如果我們希望民主制度能在這樣殘酷的時代裡英雄有用武之地，單憑政黨政治或是公民投票都是力有未逮，我們還必須學會做一群和貓頭鷹一樣智慧的綿羊。

可以更上層樓。

獅子與綿羊的比喻，我相信是受到了馬基維利的獅子與狐狸的啟發，他認為作為一個君王（領導者）必須像獅子一樣強壯、像狐狸一樣聰明，古往今來的出色君王們大多將這個準則實踐得出神入化。

近代民主制度的出現，本來應該是平衡獅子與綿羊之間的能力懸殊與打破彼此之間的階級流動，在某些時期，民主也確實達到過這樣的平衡與流動。可惜隨著社會演變，時至今日的獅子還是馬基維利的獅子，可是綿羊卻不完全是以前的綿羊，我們雖然變成了一群擁有投票權的綿羊，卻依然脆弱、依然從眾。還有些綿羊誤以為只要有了投票權就可以變成獅子，為了一些小恩小惠而選擇和獅子站在一起壓制其他同類，殊不知在這些強壯又聰明的獅子心中，綿羊永遠是綿羊，絕大部分獅子不會真的在乎綿羊的想法。

正是如此危機四伏的時代，更顯得弱肉強食的殘酷。如果我們希望民主制度能在這樣殘酷的時代裡英雄有用武之地，單憑政黨政治或是公民投票都是力有未逮，我們還必須學會做一群和貓頭鷹一樣智慧的綿羊（as wise as an owl），能夠判斷出哪一頭獅子除了強壯又聰明，更難能可貴地真正在乎綿羊的想法。畢竟沒有智慧的選民，民主制度也不過是另一個空有其表的封建制度而已。

18 瘋狂的算計，真實的苦難

二〇二〇年的全球股市和新冠病毒一樣不可捉摸，猶記一七二〇年歷史上最偉大的科學家之一牛頓在炒股巨虧之後曾經感嘆：「我可以計算天體的運行，卻無法計算人性的瘋狂。」這句名言直至今日似乎依然擲地有聲，然而，歷經整整三百年後的物換星移，廿一世紀的人性瘋狂或許早已不是不可計算，恰恰相反地，它充滿了不可言說的「算計」。

九月初，二〇二〇年以來一路起伏跌宕、野蠻生長的特斯拉股價因為標普道瓊指數沒有將之納入標準普爾五百（S&P 500）之後，一夜之間暴跌了21%，再回首近一年以來各種雲霄飛車式的波動，難道只是牛頓口中的人性瘋狂所驅動？

我在八月底《經濟學人》雜誌上看到一篇文章，談及近年來各地的股票交易所在過去十年裡身價大增，並且積極尋求更大規模的擴張與整合，其中一個數據令我相當驚訝，根據紐約證交所的總裁康寧漢（Stacey Cunningham），該交易所的系統在高峰日一天可以收發多達三千億條資訊，比每天的Google搜索多了五十倍，這意味著全球排得上名號的交易所，都是一座座取之不盡的數據礦脈，而標普五百之類的各種分析機構掌握同樣可觀的無形資源，眼神言語之間就是幾十億美金漲跌的他們，已經摩拳擦掌布下一盤將數據轉化為資本、將無形轉化為有價的政經大棋。

君不見廿一世紀的數據，就如同十九世紀的白銀、廿世紀的石油，都是兵家必爭的經濟資源，除了金融機構，亞馬遜、臉書、Google等科技大腕也是各擁山頭，每一塊閃閃發亮的招牌之後，無不聳立著美國繼續稱霸世界一百年的富強屏障，以至於川普不惜損害美國經濟自由主義的高大形象，也必須擊潰華為、TikTok等競爭者在世界範圍內建立起另一條數據礦脈的可能性，這正是隱藏在他看似瘋狂的言行之下，一種深謀遠慮後的精確算計。

面對一個可能到來的《聖經》等級災難，台灣非常需要因應目前充滿瘋狂算計的世界秩序，重新「計算」自身的優劣進退、布局未來的立於不敗。

當這些機構與集團從各自的數據礦脈上鑽研聚寶盆的同時，八月底，世界糧食計畫署

（WFP）執行長比斯利（David Beasley）正帶著《二〇二〇世界糧食危機報告》向國際社會發出告急通知：「世界即將遭遇『聖經等級』的饑荒災難與糧食危機！」其實在此之前，關於對岸即將到來糧荒危機的臆測早已甚囂塵上，可是該報告上那些阿富汗、非洲人民，以及散落各地、無法體現在報告上的底層窮人與失所難民們根本不是臆測，而是真真實實的生活在《聖經》中天啟四騎士的劍鋒所指，他們的疾病、戰爭、饑荒與死亡，對照各國金融機構與商業巨擘們天文數字般的財富增長，我們看到每一次人類歷史的天翻地覆前，常常出現的「朱門酒肉臭、路有凍死骨」的懸殊與不祥。

身在台灣的我們應該慶幸，截至目前為止，世界上的戰爭與飢荒、甚至這場瘟疫，都還像貝佐斯的億萬身家一樣，彷彿只存在於文字與影像的遙遠時空裡，然而，我們更應該惶恐，面對一個可能到來的《聖經》等級災難，外貿依存度超過95%、糧食自給率不到35%的台灣，非常需要因應目前充滿瘋狂算計的世界秩序，重新「計算」自身的優劣進退、布局未來的立於不敗。畢竟，身處於如此不可捉摸的二〇二〇年，真實的苦難也許並不若想像的遙遠！

19 熵增的世界誰來減熵？

知名物理學家薛丁格認為：「生命就是個減熵的過程。」熵值（Entropy）不是一個新概念，從一八五〇年代物理學家克勞修斯第一次提出：宇宙中任何一個孤立系統，其系統內部與外部環境若沒有能量交換，系統會自發性地朝向混亂無序演進終致崩潰消亡，這項理論很快被借用到生命科學與社會科學等其他領域。

雖然我對熱力學毫無頭緒，我認為熵增概念真實描繪人世間有如逆水行舟、不進則退的哲學形象，一如人類不能自外於環境，需要進行飲食、學習、清潔、運動才能維持健康生活；企業也不可能自外於市場，需要聘任、進貨、生產、交易維持蓬勃生意。管理大師杜拉克提過：「任何組織中只有三件事情會自然而然的發生：分歧、迷茫和退步。所有一切都仰賴領導力來解決。」分歧、迷茫和退步，就是文明演化不可避免的熵增，而領導力、開放性及每個個體的意志與努力，就是組織或文明進步的減熵過程。

做為二戰後一代，伴隨成長的歲月記憶，屬於鐵幕、冷戰與石油危機，對於流竄整個世界的分岐、迷茫和退步不陌生。我們不難判斷二〇二〇年絕對是半個多世紀以來全球熵增最高時刻，且似乎還在挑戰自身峰值。前幾天，當看到川普從醫院回到白宮，摘掉口罩、豎起拇指，彷彿剛親手將病毒從地球上消滅的超級英雄，昂首闊步地走向那座看似勝利堡壘、實則病毒溫床的大門時，我覺得世界熵值陡然升了好幾個度量。

這位世界領導人物，顯然不走杜拉克路線，無論你是否覺得他讓美國再次偉大，都不得不承認他擅長製造分岐與迷茫，他的社交感控、少數族裔、自我標榜等，都是切割社會共識，甚至國際共識的利刃，更有甚者，他冷卻了蘇聯解體後開啟的全球化熱潮，加上百年不遇的瘟疫蔓延，此後世界各國間的交流，或恐進入半休眠的孤立狀態。

放任具萬物慣性的熵增行為，永遠比改變慣性輕鬆省事，所以愈來愈多領導人利用分岐、迷茫與退步，從中獲取大量成本低廉的能量。

按照熵增定律，愈是孤立的封閉狀態，就愈有混亂與崩潰風險，愈是資源稀少或體量小的系統，愈是如此。地大物博如美國，即使遺世獨立，也可繼續五穀豐登百年；可是外貿依存度超過九成的台灣，又能在國際孤立氛圍裡，維持優渥安定多少年？過去卅年全球化帶動一個世代的經濟紅利，台灣從中獲益良多，若不是我們因政治內耗與意識形態，錯過本世紀初產業轉型與市場升級的契機，今天台灣也許可和新加坡並駕齊驅，無須依靠著過去經濟奇蹟的餘溫自我催眠。

放任具萬物慣性的熵增行為，永遠比改變慣性輕鬆省事，所以愈來愈多領導人利用分歧、迷茫與退步，從中獲取大量成本低廉的能量，可是做為系統中小小分子的你我，又如何能坐視系統走向封閉與混亂？身在民主時代，如果不依靠減熵的領導，我們只能成為一個減熵分子，盡量選擇克制、謹慎、同理與利他的訊息與決定，因為在這個熵增處處的二〇二〇年，只能靠自己。

20 不只國界，還有眼界

隨著RCEP（區域全面經貿夥伴協定）的大局已定，以及CPTPP（跨太平洋夥伴全面進步協定）的踟躕不前，再加上用萊豬核食換取國際支持的爭議，「開放」一詞不可不謂最近全台灣人民難以言說的恐懼與渴望。

三十年前就已經是世界工廠、民主燈塔與華人樞紐的我們，為什麼到了二〇二〇年還在煩惱著如何以一種眾望所歸的姿態進入國際社會？明眼人一看便知，因為三十年來台灣在區域制衡與軍事戰略上的國際能見度節節高升的同時，我們在經濟貿易與文化思想上的影響力其實江河日下，放眼這個七十億人口的國際舞台上，我們的作用更像一個道具、而不是一個角色。

二〇二〇年十一月有幸參加具有世界企業家奧林匹克之稱的「安永企業家獎」台灣評選工作，面對十數家各擅勝場的參選企業，我們一眾評選委員確實天人交戰了一番，最後幾乎一致認同由盟立自動化股分有限公司的創辦人孫弘總裁獲選為二〇二〇年「安安永企業家獎」年度得主與「產業先鋒企業家」得主，並於二〇二一年六月代表台灣與世界各國的年度得主共同角逐「安永世界企業家大獎」之殊榮。

孫弘總裁是工研院出身的工程師，三十一年前的他就洞悉了學術研究與商業實踐之間的鴻溝與利基，於是大膽走出金飯碗一樣的工研院，期望將工研院裡作研究的精神，轉變成做生意的方法，秉持「實事求是」的經營理念，帶領一百〇八位工研院同事創立台灣第一家的自動化整體解決方案公司，大力推動台灣產業自動化，經歷一番苦盡甘來之後，又積極布局東南亞、大陸等海外市場一路向全球進軍。近十年來，更致力於大型的智能化工廠的整合系統，關注半導體、新物流與智能工廠，引領台灣自動化技術發展，追上世界工業4.0趨勢的鋒頭浪尖。

在我看來，盟立這樣願意跨越舒適圈、努力探索地平線的企業家精神，正是今天台灣踏入國際視野裡最需要的姿態，二〇一三年我自「安永世界企業家大獎」鎩羽之後，一直很關

正因為我們缺乏資源、需要籌碼，所以台灣最應該開放的不是一條照單全收的國界、更是一種胸懷天下的眼界。

心並學習各屆得獎者的獨到之處，印象最深的是二〇一五年得主，一位目光炯炯的中東面孔開宗明義表示自己不知道自己的生日、有著一段常人不可承受的絕望童年，而這名曾經只能在沙漠裡放羊的敘利亞棄兒，憑藉著驚人的天份、勤奮與意志居然在法國揚名立萬，成為了今天的穆哈德．艾勒塔德（Mohed Altrad）。全球福布斯榜上有名的他，當天沒有過多著墨自己的成功與財富，只是著眼他對社會的感激與回饋。

艾勒塔德的故事讓我感觸良多，我知道這個世界充滿著政治上的較勁打壓，也遍布著金錢上的貪婪算計，但敢於想像、勇於超越永遠是放諸四海皆準的國際美德，無論是孫弘總裁還是艾勒塔德，他們從來沒有自我囿限於眼前腳下，雖然盟立自動化與艾勒塔德的規模不盡相同，但他們在利潤之外，對於自我實現、社會責任、科技發展、人文關懷等等無形價值方面的追求其實殊途同歸，這些也應該是台灣未來「開放」的方向之一，畢竟運用戰略地位爭取國際地位並不是一個富國利民的長久之計，科威特、烏克蘭、敘利亞，哪一個不是今天台灣的前車之鑑？

正因為我們缺乏資源、需要籌碼，所以台灣最應該開放的不是一條照單全收的國界，更是一種胸懷天下的眼界。

卷　三

創新 × 未來

卷首語

跨越‧未來已來

無論對於個人、企業還是國家，我認為最美滿的境界，莫過於「懷念過去、享受當下、期待未來」，這表示我們未曾虛度曾經的時光，誠實贏得現在的價值，也敢於探索對於未來的想像。

隨著光陰荏苒，以前的我總是忙著探索自己的未來，而在有了孫輩之後，我開始更加關心青年世代還有他們無數的將來，我關心他們的糧食與蔬菜，也關心他們的未來是否依然可以自在地立足台灣，平等地融入世界，眼前面朝大海、身後春暖花開。

想想千禧年的孩子如今都已經長成了風發少年，而廿一世紀對於青年世代的挑戰卻才剛剛揭幕，對於那些生活在第三世界或是戰亂地區的青少年們，他們的未來極有可能還是在飢餓、貧窮、暴力、剝削的人間煉獄裡絕望，但對於包括台灣在內，那些有幸生在和平國度的青少年們，享受著經過上幾個世代積累、有形無形的價值條件，面對的卻是一個充滿競爭、對立與混亂的陷阱型未來，一不小心就會前功盡棄，把自己推入一個人間煉獄般的未來。

我一直認為「民主制度、環境保護、人工智能、太空探索、生物科技與文化建設」，將是決定整個人類未來的六大變量，有趣的地方在於，這些變量和人類的關係並非單向、而是雙向的，人類的行為模式會影響這些變量的趨勢，而這些變量的轉化也將重塑人類的未來。過去幾年，我分別從人文精神的角度去思索過民主制度、環境保護、人工智能、太空探索、生物科技等方面的關係，並且無論從最近美國新任總統拜登先生的百日演講，還是世界幾個重要經濟體的國家布局，不難發現大家各自以不同角度展現出了這幾個變量對於世界未來的重要性，可是大家對於身而為人應有的道德教育與文化藝術相關的人文建設總是不置可否，對此我並不完全以為然。

二〇二〇年達沃斯世界經濟論壇（ＷＥＦ）迎來了五十周年，來自世界各地三千多位國際菁英們，提出了一個非常困難實現，卻也非常需要想像的「相關利益者資本主義」（Stakeholder Capitalism），這個時髦的概念主要針對環境汙染所帶來的系列問題，然而，當我們將「相關利益者資本主義」放大到其他的議題之上，不難發現，這個概念其實適用於所有未來的變量，因為無論是政治、經濟還是科技，相關利益者就是地球全體人類，亞馬遜蝴蝶和德州龍捲風的因果，亦是我們和地球另一端任何一個人的始終，所有的一切皆會反映到人類的本身，所以我相信「以人為本」的文化建設，才是這六大變量裡權重最大的一個，因為失去了身而為人的美好價值，什麼民主制度或是人工智能也都沒有了存在的意義。

以為只要德先生（Democracy）和賽先生（Science）兩個人就可以拯救地球的過去已過，一個「以人為本」並且利益相關的未來已來，這就是跨越了島嶼格局與世界熵增之後，我們需要跨越的未來。

1 品牌，「雖千萬人，吾往矣」

近來，幾個在世界市場上占有一席之地的台灣科技品牌都不甚得意，同時，下一個能夠為台灣發聲的科技品牌又不知道還在哪片雲端，於是乎，社會上掀起一波對於科技業者發展消費性品牌的質疑，有些人認為，不如像台積電與鴻海一樣專心致意地做一個既穩定又發達的B2B生意，何須自討苦吃地去建立一個B2C品牌。

而身為一個台灣品牌的推動者，恕我不能認同這樣的觀點，首先，科技產業包羅萬象，不是每一種皆適合走B2B的路子，其次，台灣不是只有科技產業，還有其他產業也有發展品牌的潛力與需求，更重要的是，企業精神的本質所在，在於秉持著超越現有的創新膽識來開疆闢土，如此避重就輕地安逸於一個畫地自限的既有框架，顯然並不能為台灣帶來嶄新的契機。

然而，我雖不贊同但可以理解這些質疑，畢竟，品牌確實是一條看似沒有盡頭的燒錢路，無論是科技產業還是其他，對照起代工生意的相對單純，其所需的大量投入絕不符合中短期的投資報酬標準，而且不是每一個企業從上到下都能做好這種長期抗戰的經營準備。

猶記我剛開始要從代工轉攻品牌時，所面臨的各方疑慮阻礙，包括代工客戶、協力廠商、內部員工、親朋好友，甚至是我自己的天人交戰，在最初的那幾年，真心覺得品牌之難，難於上青天，但我相信代工也許是我們的選擇與權宜，卻絕對不是台灣產業的終點與宿命，是而總是與那些懷抱品牌夢想的有志之士互相砥礪，寧可深受巉岩峭嶺之苦，也不願被拒於品牌之外，未來徒留側身西望長咨嗟的遺憾，倒不是說代工就是不好，只是磨劍數十年的我們，如果也有仗劍任俠的機會，何妨以自己的名號，快意恩仇於江湖之上，與歐美日韓等國際品牌一起且試身手？

只要有更多像那幾個已經在全世界慘澹拚搏著國際行銷的台灣品牌一樣，抱持「雖千萬人，吾往矣」的決心毅力絡繹於途，台灣品牌的柳暗花明必不遠矣！

正巧二〇一四年初，某家世界上如日中天的3C大牌希望運用我們公司的一項特殊技術，為其客製全球數百家專賣店的展示設備，在此之前，他們已經洽詢過歐美各地類似的廠商，但這家3C大牌是出了名的挑剔品質，對於所有的打樣結果都不滿意，轉而向我們接觸，結果第一次提供的樣品即通過對方的檢核，於是有意立刻向我們下了一筆近億台幣的訂單，純以利潤角度而言，這是一筆好生意，但當其總部拒絕在成品上加印我們Logo底標之後，我拒絕了這項合作。

當時對方代表臉上的表情可謂精采紛呈，大概這幾年來，他們所到之處都是一片鋪天蓋地的殷勤吹捧，沒有什麼企業會對他們說NO，可是NO就是NO，做過三十年的代工，我深深了解缺乏品牌加持的代工型態無法讓企業獨立自主，更枉論走向國際打響自己的名號，也了解唯有自創品牌，才可以擁有屬於自己的歷史軌跡與相對寬裕的附加價值，更有效地提升企業的競爭力與永續性。

因此，儘管代工老路上落英芳草，我也不想掉轉回頭，事實證明，無論品牌之路多麼難行，只要堅定向前，台灣還是可以走進紐約第五大道、巴黎聖多諾黑路（Rue du Faubourg Saint-Honoré）、兩岸故宮，甚至是梵蒂岡教廷與歐洲國家級博物館，就像魯迅寫道：「其實地上本沒有路，走的人多了，也便成了路。」

台灣的國際品牌之路看似山重水複，但相信只要有更多像那幾個已經在全世界慘澹拚搏著國際行銷的台灣品牌一樣，抱持「雖千萬人，吾往矣」的決心毅力絡繹於途，台灣品牌的柳暗花明必不遠矣！

2 文化決定了世紀的歸屬

二〇一四年加拿大國慶前，加國一主要傳媒稱道，其外交部擬有一份不歡迎參加國慶慶典的國家名單，名單上赫見台灣與惡名昭彰的北韓與蘇丹等國齊齊上榜，儘管我國外交部官員發言澄清，加國政府從未對外提供過相關資訊，而是該媒體自行穿鑿附會，但台灣主權不為世界上大部分國家承認是不爭的事實，對於一向豪詡自由民主、開放進步的我們來說，這件事實猶勝一根讓我們輾轉反側數十載的在背芒刺。

有人將這樁烏龍歸咎於我們當年退出聯合國的遺患，如此觀點，雖似是不易之論，恐怕也非完全正確，按照彼時的政治情勢，我方即使不主動退出，大概也難逃後來被傾軋排擠的命運。

本來弱國無外交，更況乎台灣現在「國小而偪，族大寵多」的不可為也，然而，知其不可為而為之，正是古往今來所有創舉大業的起點，或許，這應當看作一個改變台灣現狀的契機，適時放下以為改了國號就可以獲得國際承認的天真，利用逆勢思考與反向操作的視角，直搗「不可為」的核心，重新擬列我們如何超越既有、突破囿限的金石之策，發展出一套具有台灣特色的小國崛起模式。

前一陣子，恰逢前統一總裁林蒼生先生新書發表，其書末提及南懷瑾大師一段關於廿一世紀將是中國人的世紀的言談，他認為此中國人非彼中國人，所謂中國人的世紀，「應該是一個以社會主義的福利，共產主義的理想，資本主義的方法，再加上中華文化為中心的時代。」一讀罷，不由得讓我聯想起據悉就是倡議「十九世紀是英國人的世紀，二十世紀是美國人的世紀，廿一世紀將是中國人的世紀」的英國大歷史學家湯恩比（Arnold J. Toynbee），湯氏一貫推崇儒道思想中的人文精神，認為以中華文化為主的東方文化未來很有機會，對世界整體的精神與政治上產生巨大影響。

「中華文化」理應是科學與民主以外，台灣最有價值的可運用資產……不只為了發展小國崛起，更是為了決定廿一世紀的歸屬。

南、湯二人關於廿一世紀的觀點，不約而同地圍繞著中華文化，因為他們了解「文化」

決定了一個世紀的歸屬，英美的船堅砲利不過一時，真正讓整個時代臣服於他們腳下的，是其飲食、發明、法律、戲劇、歌舞、小說等等一切潛移默化著人類生活面貌的文化總合，所以，按照兩位先哲的論述，誰掌握了中華文化，誰就掌握了廿一世紀。

直至今天，「中國人的世紀」還看似一個不著邊際的遙遠預言，但我不認為它是兩位先哲的異想天開，只是近百年來兩岸三地、乃至於全球華人在面對文化命題時，總是透著一股身不由己的力不從心，這當然是由於缺乏自信與政治紛擾的綜合因素所致，其實，現代華人應該採取一種超越疆界的整合態度，站在一個俯仰天地的制高點上，去賞析、挖掘並活用「中華文化」這項千年資本，鋪成出一條屬於華人世紀的道路。

以台灣為例，「中華文化」理應是科學與民主以外，台灣最有價值的可運用資產，我們無須糾結於能不能重返聯合國，或是被多少個主權國家承認等等這類表象問題，而是無所不用其極地去大幅提高這項資產的增裕效率，讓「我從台灣來，我有中華心，我往世界去」的文化載體遍行全球，這才是我們直搗「不可為」的核心的終南捷徑，不只為了發展小國崛起，更是為了決定廿一世紀的歸屬。

3 舊夢新妝的文創改造工程

在不同演講場合中，我時常會遇到一些尚在窺探文創堂奧的後起之秀們提出相同的疑惑，他們納悶著如何從固有的文化資本中汲取跨古宜今的元素，繼而將之賦予新生，創作出無愧於原生經典，又能贏得當代市場迴響的成功作品，通常，「經典無須改變，唯有更上層樓」（Never change a classic, just refine it.）這個概念，是我最常與之分享的心得。

由於從我們在十年前與故宮合作開始，引領了一系列將平面歷史名畫轉換為立體陶瓷作品的藝術突破，又自中華瑰寶出發，延伸到了眾多歐美知名美術館的鎮館珍藏，證明了翻新文化資本竟是中外皆然的需求趨勢，到了二〇一四年初，我們更將觸角深入到古典文學，將水火工法結合抽象文字，使得華人世界無人不曉的紅樓夢十二金釵，透過另一種藝術形式，成為一個個躍然紙上的以花喻人，這樣對比強烈的文創新猷獲得了叫好也叫座的各方眷賞，是而，最近對於此類舊夢新妝的文創改造的詰問更加頻繁。

以為舊夢新妝不過是將舊書畫印到一個鑰匙圈或是絲手帕之類的簡單轉換，是外人對於故舊翻新的錯誤印象，其實不然，真正活用固有文化資本的經過，無異於一項術業有專攻的改造工程，比起復舊如舊的古蹟改建還更形繁瑣艱難，除了需要具備原有文化的縱深了解，更需要發揮後天創意的昇華點化，所以，文創工作者在從事新舊融合的「二次設計」的箇中三味，完全超出一般人的認知與期望，它講求著經年累月的視野拓展，以及整理、活用並超越的辛勤才情。

雖然身處在一個標榜創意的產業，也追求並欣賞著所有「回頭天下看，無我這般人」的絕世創意，但我清楚知道，舉目寰宇，其實沒有一種創意算得上空前絕後，它們的靈感必定是連結著某樣既有事物，垂直承襲若唐詩與宋詞，水平跨界如建築與音樂。

然而，無論是垂直還是水平的文創整合，他們都相當程度地依賴創作者本身的知識與想像，因此，我常提醒有志於文

其實沒有一種創意算得上空前絕後，它們的靈感必定是連結著某樣既有事物，垂直承襲若唐詩與宋詞，水平跨界如建築與音樂。

創事業的既來者與將來者，首先，應該鞭策自己成為一位「博學多聞、篤志返約」的知識份子。

所謂博學多聞，文憑學歷倒是其次，饒有系統的廣泛充實各種學問才是其必要的精進功夫，即使不能走遍萬里路，總也要勉力讀過千卷書，不少人冀望從經典裡汲取不世出的靈感，卻連幾本經典都未曾真正詳讀理解，如此侈言古典新用，難免流於好高鶩遠之嫌；再者，所謂篤志返約，則是在無涯學海之內，還是要回歸自己的專業，無論是金工、皮雕、製餅、戲劇還是服裝設計，每個人總是要找到一方殫精鑽研而自成一家的土地，來乘載從上下千年、浩如煙海的中華或是世界文化資本裡，掬起的那一捧屬於自己的的創意之水。

從經典中再上一層樓，從來不是一件理所當然的事，可喜的是，人間無處不文創，在追求真、善、美的全人類大夢裡，只要我們認真相對，相信總是有源源不絕的創意為它添上新妝。

4 創新——台灣與以色列的咫尺天涯

經由以色列駐台代表的轉介，遠道來台做教學研究的以色列化學教授Ehud Keinan，向我提出做一場專訪的邀請，他笑稱，這是他想要轉行做專業作家的起點，除了專訪之外，他還希望我能推薦其他幾位同樣值得被世界認識的台灣創業家與企業家。

原來，他想寫一本關於台灣創新與創業的專書。

他來自以色列，一個號稱世界級的創意之國，有人說，那裡的土地上流淌的不是奶和蜜，而是創新能力與創業精神。雖然戰火頻仍又市場狹小，卻還是吸引了微軟、Google等世界一流企業在此設置研發中心，這樣一名從砂礫、爭議與磨難的創新國度中走出來的傑出人才，和台灣產業交流合作的過程中，如此驚艷於台灣產業與人才的創新能力，覺得台以之間應該互為攻錯，我欣喜之餘，除了和他分享我的創業故事，我也好奇於他的觀點與思路，希望透過他來了解以色列的創新精神。

教授形容以色列人的創新渴望，受到民族歷史、宗教信仰與自然環境的影響，時常澎湃洶湧一如脫韁野馬，往往甚至需要旁人在後面適時攔阻一把，才不會太過狂妄失速。他的豪語可不是誇誇其談，根據統計，以國平均不到兩千人，就有一個人創業成功，而且每年在世界經濟論壇（WEF）關於全球競爭力的發布中，以色列國民擁有專利權比例總是傲視全球，然而，如果僅憑這些資料數字，台灣的創新精神也不遑多讓，單以台灣中小、微型企業雇主數目占總人口的比率，我想絕對是兩千分之一的好幾倍，再者，同樣以科技為國家產業主軸的台灣，我們的專利總數也一直名列世界前茅。

弔詭的是，如果任何人以為台灣與以色列非常相近，顯然太過樂觀，以色列除了是全球頂尖企業的研發重點基地，其人均GDP超越台灣達一萬美元之譜，而且能在美國上市集資的企業總數更使我們忘塵莫及，所以說，台以之間的主觀距離其實相當遙遠，那麼，究竟是哪一個毫釐的差錯，讓台以之間的創新精神有著如此失之千里的咫尺天涯。

台灣長期以來不乏自力更生、滿足內需與外銷的創業意願，但嚴重欠缺影響世界、吸引外資的創新視野。

教授某種程度上回應了我的疑惑，他也發現台以之間的創新精神不大相同，他認為台灣偏向製造，而以色列則著重研發，我卻認為台以之間存在著追求「創新」的本質差異。台灣長期以來不乏自力更生、滿足內需與外銷的創業意願，但嚴重欠缺影響世界、吸引外資的創新視野，以專利權為例，以色列多屬於具有開拓性的核心專利，而台灣多屬於防守型的應用專利，因為以色列人為了國家民族的生存而創新，我們則是為了個人前途或企業發展而創新。

雖然同為兩個政治環境特殊，內部也都不團結的蕞爾小國，他們因為民族興亡、匹夫有責的信念，可以擁有前仆後繼的頂尖人士為其國家貢獻熱血與才華，如同Keinan教授雖然在化學領域地位卓越，卻還是願意放下身家性命三赴沙場、對抗外侮甚至受傷仍不悔，而我們的社會最近好像充斥著只為個人逐利、不顧國家名譽以及他人死活的「黑心油」式的「技術創新」。

於是在Keinan大讚台灣人情溫暖的談笑風生之間，我不由得平添一種咫尺天涯的愴然心涼。

5 不知老之將至，不亦永恆乎

俯仰之間，二〇一四年的法藍瓷陶瓷設計大賽已經邁入了第八個年頭，從一個數百名參賽者的台灣本土陶瓷行銷設計競賽，擴張到數千名來自二十個國家的全球性文化創意競賽，我十分欣見它彷若抽枝發芽般有機生長的節奏，年復一年地延展出更形廣袤的國際視野與更具深度的設計創意。

二〇一四年特別請到了法國國家博物館研究院院長Chantal Meslin-Perrier、歐洲最大陶瓷博物館Porzellanikon SELB館長Wilhelm Siemen以及法國奢侈品協會（Comité Colbert）主席Michel Bernardaud等陶瓷界的世界級權威們擔任座上評審，如此群賢畢至、少長咸集的規模，自然促成一場不亦悅乎的國際盛會。

我們這幾個陶瓷老友，因「瓷」結緣的交情皆是以十年為計算單位，平時散居各地、行走奔忙，難得有機會一起把盞言歡，既然都是耳順上下的年紀，除了討論此次設計大賽的青年創意帶給我們的思索與感動，當然也會帶到彼此從業幾十年來的回顧與感慨，恰巧二〇一四年的主題是「永恆」（Eternity），不可避免地談及歲月荏苒的人生侷限，因為無論是陶瓷產業也好，或是博物館學也罷，動輒都是千百年的追求探索，一人一世在這些領域面前不過一個轉瞬，所謂的大師與經典，往往也不是一人之功，何況它們非但不屬於科技或金融之儔的現代顯學，更是講究時間沉澱、團隊實踐與經驗積累的文化傳承，是而面對著這些願意放下聲光與速度，投身到陶瓷藝術的風發少年，我們都有著惜才如玉的心情。

然而，在渴望看見一個長江後浪推前浪的新時代來臨的同時，Chantal和Wilhelm不約而同地覺得年老並不是一件令人愉悅的事情，在他們與我們合作期間，驚訝地發現台灣、也包括對岸的青年們對於長者頗有耐心，態度也比較尊敬，一致認為西歐青年普遍對於敬老尊賢饒有欠缺，在他們的國家裡，一旦上了年紀就幾乎與孤獨失落畫上等號，從社會主流中逐漸游

敬老崇古並不是一套樣板文章，其實，「敬老」是一節衡量青年教養的禮數，「崇古」則是一種尊重人類智慧與普世原則的態度。

離。他們有所不知，華人社會裡敬老崇古的傳統，也早已在時代與教育的革變中逐漸消磨，目前剩下的不過一幅倫理框架，就拿我現在去大專院校講學演說的感受為例，完全與我們二、三十年前的課堂氛圍有著天壤之別，這樣的轉變究竟是好是壞，眾口紛紜，但其實只要一窺今昔之間國運消長的態勢便可略知一二，根本無需多辯。

Chantal和我們分享了一句法國諺語：「Si jeunesse savait, si vieillesse pouvait.」（如果青春早知道，如果年暮還能夠。）誠然，我也曾經是個不滿現狀的狂狷憤青，所以了解那種想要改變現有一切的嘖嘖不平，也正因為走過這段歲月，才赫然發現敬老崇古並不是一套樣板文章，其實，「敬老」是一節衡量青年教養的禮數，「崇古」則是一種尊重人類智慧與普世原則的態度，當然，在座無人能讓青春早知道，卻值得沾沾自喜到了這個年紀依然能從事著各自愛好的事業，讓我們時常「發憤忘食、樂以忘憂、不知老之將至」，某種程度上，這也不啻為這一桌陶瓷故舊們關於「永恆」的具體詮釋吧！

6 跨界與科技，新時代的工藝精神

擁有一台史坦威（Steinway & Sons）鋼琴，是許多音樂愛好者的夢想之一。

對於業餘鋼琴愛好者的我來說，自然也不能免疫於擁有一百六十多年歷史的名琴魅力，但當我和他們一起研發結合陶瓷工藝的全球限量鋼琴的過程之中，我更進一步地明白了為何每一架史坦威都是一樣藝術珍藏，原來清亮永恆的音色，取自於一百多年的傳承經驗、為時兩年的選材、切割與存放，再加上至少一年三百人次的嚴格要求與創作工序。

史坦威限量版藝術鋼琴由來已久，但「日月相映」是他們第一次與亞太品牌打造藝術系列鋼琴，也是第一次嘗試在譜架、琴椅、琴身及收藏盒等部位嵌入大量瓷片，由於鋼琴的結構特殊，且史坦威對於琴音傳導有著聞名於世的苛刻，甚至連高低音區每英寸所含的木頭紋理都有精確規定，因此這架限量鋼琴身上的瓷片，必須嚴絲合縫到完全不破壞琴體與共鳴的程度，其製作難度超乎想像。所幸我們自十多年前即開始研發精密陶瓷3D列印的相關技術，過去養兵千日的試煉醞釀，此回正好將之發揮在這架限量鋼琴所需要的裝飾瓷片與陶瓷螺母上，由3D列印出的成品，除了保有陶瓷特有的溫潤質感，還兼具超精密、耐承重及高硬度的實用特性，得以讓細緻瓷片與木質琴身完美結合。

而在技術功能的追求之外，對於設計構想、形色搭配、品質控管等方面，百年名牌自有其一番講究繁瑣的堅持標準，但對於同樣需要百來道環環相扣的工序、從設計到出品的成功率不到4%的手工陶瓷業來說，我們完全理解「手感至上」與「美亦求美、美無止盡」的工藝精神，於是乎，雙方在這項合作計畫的無數細節溝通上，皆如史坦威的琴音一樣高山流水，故而「日月相映」一面市，他們即特別授權讓法藍瓷按照自己的構思設計接下來的幾部限量鋼琴。

如此傾蓋如故的信任相惜，源自於我們分享著共同的困境與驕傲，君不見在工業化與

我們依然不約而同地堅持傳統工藝精神的驕傲，因為我們相信慢工細活才能雕琢出藝術的真正精髓，並且在這個速食當道的時代更顯得彌足珍貴。

自動化遍地開花的當下，樂器與瓷器早已不是貴族豪富專享的奢侈逸趣，固然藝術深入平常百姓家實為美事一樁，如今到處充斥著量化生產的平價製造，壓縮了許多經典品牌的生存空間，也阻礙了藝術需要淬煉精進的卓越積累；再加上無論台灣還是國外，那些十年甚至數十年才能磨一劍的技藝，都面臨著傳承斷層的憂患困境，即便如此，我們依然不約而同地堅持傳統工藝精神的驕傲，因為我們相信慢工細活才能雕琢出藝術的真正精髓，並且在這個速食當道的時代更顯得彌足珍貴。

然而，堅持傳統不能流於守舊，類似琴瓷搭接的跨界合作，一直是藝術界探索創新的地平線，而與科技結合則是傳統工藝必須征服的另一道天險，一如我們研發精密陶瓷以及3D列印等尖端科技，史坦威也擁有世界上絕大部分的鋼琴製造專利，我們都在各自的領域裡不斷地挑戰極限、發現新猷，同時深切期盼在機器人也可以製造樂器與瓷器的不遠未來，我們都還能夠堅持著以人為本的品牌初衷，守護著代代相承又與時並進的手感工藝精神。

7 仁創O2O：召喚儒商，附身電商

廿一世紀，一半人類完全擁抱網路紀元，加上移動互聯的無遠弗屆，引領世界邁向O2O（Online To Offline）平台時代，在全球的人流、物流、金流與資訊流分享串連漸趨於扁平化，建立起一個可讓線上線下、虛擬實體、軟件硬件間即時整合與快速反應的平台模式，成了所有公私營事業規劃的終極理想。

某程度來說，「仁創」也是一種O2O，只是它所連結的不是線上線下與虛擬實體，而是形而上的哲學之「仁」與形而下的商業之「創」。

因為我們觀察到，現代社會到處充斥著人與自我、人與家國、人與環境間種種失衡現象，所以希望重啟一場與新興世代的溝通交流，關乎那些在中華文化中曾經被政客學蠹錯判遺忘的「仁」的智慧，將之引導台灣、兩岸甚至全球人文型態，一步步地更接近身心靈平衡的大同境界，我們將之定義為M2M平台。

M2M涵蓋「仁」兩層意涵，首先是果實核心，即象徵著個人意志、稟賦與內涵（Man/Mind），再引申到「人」與「人」（Man To Man / Mind To Mind），也就是群體與環境的互動關係，仁者不但要能成全自己，也要能成全他人，做到「己立立人，己達達人」的正向傳遞。

企業是傳遞「仁創」最佳載體，因為人類文明大多循序著「心念啟發靈感、靈感創造藝術、藝術帶動產品、產品形成文化」脈絡前行。

雖然商者被列為四民之末，卻最能深入萬家百姓的煙火人間，何況商業本質即是創造價值，只要找到一個義利相合的方式，消耗相對最少的地球資源，創造最高的經濟價值、生命價值（生活的、生命的及生態的）、社會價值、以至於文化價值，如此抱負，需要一個仁者的胸襟，也需要商者的創意，因此，「仁創」冀以儒商精神的入世角度出發，通過企業文化對

「仁創」也是一種O2O，只是它所連結的不是線上線下與虛擬實體，而是形而上的哲學之「仁」與形而下的商業之「創」。

於「仁」的價值追求，回溯到個人、家國、區域乃至於世界的點線面，逐步將仁心創意實踐到全人類的文明體現。

我們以企業做為「仁創」的單位，恰處於儒家八目裡齊家治國間，自有其承上啟下的中樞功能，再由這條大道之行上志趣相投的企業體們，自發組成M2M平台的兩個線下實體，分別是「仁創學院」與「仁創基金會」，前者著重在理念經驗的交流與共同願景的規畫，後者則是知識傳承、設計發想、資源注入、融資輔導與市場整合的實踐性園地。

無論前者後者，都應當是跨行、跨業、跨界與跨國協作型態，從兩岸互補基礎開展，畢竟雙方都是華文世界的重點代表，對岸具備廣袤市場與經濟規模，台灣則保有相對潛蘊連貫的中華文化資本，任一不可偏棄。

O2O的出現正改寫所有網路化國家的消費型態，M2M的建立則會以「仁」的理想，改寫所有嚮往中華文化的創造活動以及系統思考，不只讓台灣、兩岸華人圈大道同行，也以競合姿態走向全世界。

8 願我們都不再做不良老人

二〇一五年的最後一天，我們決定在F&F（Franz & Friends）音樂餐廳舉辦一場告別Party。

「雷」是我在艾迪亞時期的音樂朋友，過去幾十年來，在某家跨國企業裡做得風生水起，但始終沒有忘情於音樂，當晚，幾首老歌唱過，就著一片繞樑微醺，他興高采烈地宣布今天辭職生效，從明天起他打算在F&F重拾吉他，用音樂開啟事業的第二春。

我很抱歉地提醒了一下老友，那天不只是告別二〇一五，也是告別F&F，縱使萬般不捨，但分身乏術的我，只能將這麼偌大一幫朋友的音樂夢想束之高閣，留待他日偶爾重聚回味。

驚訝裡難掩懷舊之情的他一面笑言要收回退休申請，一面感嘆著當年我們這些披頭散髮玩音樂、不時被拖進警察局內剪頭髮的不良少年，轉眼間竟然都成了一批可能無處可去的不良老人了。

突如其來的今昔相比，特別是「不良老人」一詞，直擊我的思考神經，席間反覆琢磨，我發現，大家真的都是不良老人。

君不見，無論新朋或是舊友，過去這十多年來，每一次同輩相聚，總是免不了一陣對於台灣現狀的牢騷與感慨，遙想我們的弱冠少壯，台灣可謂扶搖直上，而今我們的天命耳順，卻轉為每況愈下，當我們看著新興世代蹉跎於流沙一樣的小確幸或是囿限於彈丸一樣的小格局，怎一番恨鐵不成鋼的急切了得！

而就在二〇一五年的最後一天，我幡然醒悟台灣的江河日下，不只是廿多年來執政者的集體失職，也是我們這一代人的集體失責，當初我們面對著偏頗教改、族群對立、暴力問政、黑金政治、貪汙腐敗、閉關自守等等問題浮現之時，或許有所恚怒，但卻沒有用盡全力去與之抗衡，我們是姑息的劍，任憑長期的錯亂執政荼毒了這條原本可以騰飛的台灣小龍。

為了台灣的下一代，無論如何我們都需要與新世代挺身而出，用文化建設與道德教育的回歸，將台灣重新導入正軌。

環視一圈在場的不良老人們，其中超過一半是台灣各行各業的領袖人物，廿年前的我們究竟都在忙些什麼？答案很簡單，忙著賺天下財，至少我是如此，以為政治再醜惡，帝力於我又何有哉？我們忘了政治是眾人之事，更忘了我們得以賺天下財，是因為我們成長於一個至少部分政府官員與教育系統還尊重詩書禮樂、認同四維八德的社會環境之中。

我們忘了，是因為我們以為不重要，導致連累下一代今天必須面對只問顏色的民主、不問蒼生的官員、沒有底線的自由、荒腔走板的教改、除利興弊的政策，更可怕的是，一種不辨是非的社會氛圍麻痺了許多人的判斷力，幾乎窮途日暮了，還猶氣定神閒地任由以上種種腐蝕著台灣整體的競爭力與價值觀。

當天在座嘉賓們雖俱是老驥伏櫪，不少人依舊志在千里，不願再做一個袖手旁觀的不良老人，但為了台灣的下一代，無論如何我們都需要與新世代挺身而出，用文化建設與道德教育的回歸，將台灣重新導入正軌，否則再下一代，新世代又成了新一批不良老人，台灣的未來恐怕再也談不了什麼自由與民主。

更重要的是，此番大選後甫掌袍笏的列位諸公們，雖然其中不少也是造成台灣亂象的不良老人，但如果他們願意揚棄過往荼毒模式的執政風格，從此一心為國、而不再是一心為黨或一心為己，洗心深究為什麼詩書禮樂、四維八德的文化建設對於台灣興衰影響如此之鉅，或者台灣還有機會走出目前衰敗的危機，讓我們的子孫後代，得以生活在一個民主不問顏色、官員只問蒼生、自由有為有守、教育回歸正道、政策除弊興利的昌盛國家。

這是我的新年新希望，但願我們，都不再做不良老人。

9 學習失落日本的不失落

「失落十年」一詞，是我最近常在兩岸產業交流場合上聽到的忡忡之音，對於台灣企業而言，「失落」可謂將近廿年來盤根錯節的政經積累，早已不是新鮮名詞，但一場大選與產業出走，又興起台灣人對於前景失落的惶恐；無獨有偶地，之於還富不過一、兩代的對岸企業而言，過度舉債、房市泡沫、人口老化、成長趨緩等等深層問題的浮現，讓他們提前憂慮起是否會步入日本九十年代的後塵，誤陷一段成長低迷的「失落十年」。

恰巧年前，我隨三三青年會拜訪日本幾個重要的產業機構，數天旅程中，我恍然發現為什麼創造了「失落十年」這一個現象名詞的日本，其實一直沒有世人想像中的失落；反之，無論台灣還是大陸，對於失落的恐懼，卻一直根植在我們對於未來的想像裡如影隨形。

我們首個行程是到早稻田大學人形機器人研究中心觀摩研究成果，我大開眼界之餘，也驚訝他們網羅了來自世界各地，包括來自中國大陸的研究員。當然這個階段的學術研究並不涉及國防層面，但由他們不懼大陸仇日的國家基調，也將其納入尖端科技研究的夥伴行列，不難窺見日本在這個領域展現的世界地位與霸圖雄心。

其後，我們又拜訪了日本七大商社之一的三菱商事，在他們遍及海陸空、囊括食衣住行的業務介紹過程中，我們清楚認知到其每一個部門的發展聚焦都由一幅世界地圖出發，無論是金屬能源還是食品物流，集團上下所有的藍圖擘劃都是始於該部門核心競爭力，終於全球市場的進駐布局，無處不顯示著一個發展成熟的國際性集團（Conglomerate）在全球化時代所應當展現的宏觀視野與卓越實力。

單有恐懼是遠遠不夠的，何妨學習我們的強鄰，以科學家的精神與企業家的經營，來規劃打造台灣的核心產業與國際品牌。

我想，早稻田與三菱商事正代表著近代日本產業的成功縮影，一方面是科學家的精神，在研究開發的初期階段，以大和民族特有的嚴謹執著，兼之開放融合的國際化態度持續鑽研精進；另一方面是企業家的經營，用產業化與品牌化來武裝多元產品與細化服務的核心競爭力，並以全球格局為基準，長謀遠略地深入不同等級的關鍵市場。

所以，縱使尚未脫離失落潛伏的低成長時代，可是無論在蔦屋書店的優雅靜謐，或是在銀宿街道的繁華熱鬧裡，其實都感受不到顯而易見的失落，而我卻不敢想像，如果同樣台灣經歷了日本九十年代的房股齊崩，我們能否保留他們如今十之一二的從容平和？

答案一定是否定的，因為除了IT代工與半導體的局部優勢，台灣在各個領域，沒有形成任何一個具備全球影響力的核心產業或知名品牌，如果我們真的想走出失落，單有恐懼是遠遠不夠的，何妨學習我們的強鄰，以科學家的精神與企業家的經營，來規劃打造台灣的核心產業與國際品牌；更重要的是，用一個胸有城府卻務實變通的心態來擁抱全球市場，不做將熱錢往外推的香港，而做想盡辦法賺盡天下財的日本。

10 不知禮，台灣的未來無以立也

人們總說，台灣最美的風景是人，我卻一直納罕：為何這麼美的風景一坐到學校裡，就變得山不是山、水不是水了？

近幾年，諸多大專院校的邀約我基本很少應允，一是太忙，二是不太能接受現在大學生的聽講態度。然而，人在江湖總是有推託不得的場合，前幾日，我在兩個行程之間奔赴一所還算老字號的大學演講，當時在我之前的另一位講者尚未結束，但見一半以上聽眾都在低頭玩手機，第一排竟有幾位學生旁若無人聊天。直到我上台，他們依然沒有停歇的態勢，所以我忍不住出言調侃了幾句，的確成功喚起了台下眾人的注意，卻也換來幾個大白眼。

待到台下，一位該校教授苦笑著對我說時間久了就會習慣。我何嘗不明白，多年無良教改與少子化現象的結構性沉痾，已經將台灣大部分的教育機構退化成一個「學子不遜、師者不為」的買賣場所，只因為前者追求一紙文憑、而後者需要一份工作。

猶記某次有位初生之犢向我直指，學校安排的專題講座常常和他們的科系無相關，講題內容又不有趣，為什麼一定要安排講這些沒用又無聊的東西云云；我不知如此的理直氣壯代表多少比例的大學生，但我實在不能苟同，難道大學不是為社會培養知識分子的殿堂？難道「攻讀聖賢書、勤聞天下事」不是一個知識分子最基本的人生態度？如果台灣的大學生只關心和考試分數相關的「有用」，或是演講者是否懂得博君一笑的「有趣」，那他們如何在無涯學海慢慢沉澱出一個知識分子應有的胸襟、視野、理想與深度？

不過真正讓我對大學演講心生卻步的，不是時下高等教育所折射出「實用」與「趣味」至上的功利與淺薄，更是這些因為對演講內容不得要領，就覺得有權利對台上講者輕慢無禮的準知識分子們，他們所反映出在高等教育之前，台灣基礎教育裡欠缺「禮教」的嚴重事實。

相信看過金牌特務（Kingsman）這部電影的人都應

多年無良教改與少子化現象的結構性沉痾，已經將台灣大部分的教育機構退化成一個「學子不遜、師者不為」的買賣場所。

該記得那位紳士大叔在準備關門爆打地痞之際說的那句經典台詞：「Manners Maketh Man.」，這句話出自牛津大學最古老學院New College的校訓，其旨在提醒學生們：「衡量一個人的高度，不是靠出身或財富，而是在於他／她如何待人接物。」（It is not by birth, money, or property that an individual is defined, but by how he or she behaves towards other people.）十分巧合地，兩千多年前我們的至聖先師也說過一模一樣的話：「不知禮，無以立也。」

我相信自由學風與獨立精神，也贊成教育體系應該包容特立獨行或狂狷不群的相異個體；然而，廿多年來廣設大學、重理輕文與去中國化的教育導向，沒有讓台灣的國際形象或學術地位煥然一新，反而摧殘了原本克己復禮的文化底蘊。試問，一個連尊師重道都不屑一顧的無教孺子，未來究竟有多大的機會長成一名「有用」又「有趣」的社會棟梁？

誠然，這不只是教改的遺惡，也是家長、老師甚至是學生長久共同漠視「禮教」的苦果，君不見，近年台灣的社會風氣與總體競爭力逐漸隨著教育系統的不知禮而一路江河日下，不難想像再過十年，假使台灣最美的風景裡都不見知識分子的蹤影，那台灣的未來又將何以立也？

11

人本，金融資本主義下的真實彼岸

現實版的鋼鐵俠埃隆·馬斯克（Elon Musk）之前大發驚人之語，表示人類只有十億分之一的機會活在真實世界，姑且不論你我對於人工智能與虛擬現實的發展觀點為何，在我看來，廿一世紀的人類千真萬確地活在金融資本主義控制下的娑婆世界，一個苦多樂少、貧富天壤的五濁空間，困惑著全世界七十億人口不得出離。

所謂金融資本主義，是指金融資本主導著國家或世界的社會、政治與經濟，並藉由金融系統操作的貨幣財富積累，凌駕於產品生產或是服務輸出之上的一種經濟制度，如同五月英國《衛報》上拉娜·弗魯哈（Rana Foroohar）關於美國資本主義潰敗的專欄所示，現在的全球經濟已不是靠實體市場支撐，過去在傳統資本主義制度中，金融機構的存在原本是為了將勞動者的儲蓄，匯集到需要擴張的企業手中，目前只有15%金融機構資產服務於這一項目，其餘的資本則落入到一個相對封閉的投機交易循環當中，也就是我們自二〇〇八年來所熟知的、充滿槓桿與債務的虛擬數字世界，就連一些如同蘋果一樣的世界五百強企業，都加入了發行公司債再回購公司股票、支撐股價這樣的金融操作，只消某家企業或某個政府一步之差，這個危如累卵的虛擬數字世界，又會如金融海嘯一樣，再次劫水漫世。

誠然，身處在金融資本主義裡，最駭人聽聞不是天文數字虛假，而是只有少數投機者可優游於虛假堆積出的美好幻影，大部分勞動者卻要忍受虛假崩落後的醜陋絕望，這就是金融資本主義帶給我們這時代最巨大的黑洞：「樂即是空、苦竟是真」，如此的人間黑洞，但憑人工智能與虛擬現實恐怕也不能填補。

「人」是組成市場的最小單位，所有脫離「人」的需求或是供給的市場，注定成為後繼無力的泡沫。

按照佛家說法，即使五濁惡苦的娑婆世界亦有星星善火，我相信這個逐漸沉淪的時代，依然有機會逃離金融資本主義的黑洞，除了幾個在金融主義裡浮沉的強勢經濟體，特別是英、美、歐盟等，應當同心協力出手系列金融改革政策，也為金融以外的實體產業復興挹注資源，更重要的是，那些已被金融資本化的企業與其經營者們，必須經歷一場回歸人本的思想覺醒。

「以人為本」，乍聽之下並不商業，但其實最在商言商，因為「人」是組成市場的最小單位，所有脫離「人」的需求或是供給的市場，諸如十七世紀的荷蘭鬱金香，或上世紀九〇年代的日本房地產，注定成為後繼無力的泡沫。

因此，我們需要各國政府遏止金融資本主義的虛無擴張，同時鼓勵企業家聯合科學家、設計師與勞動者，進行「以人為本」的創意發想與勞動生產，才可能在金融泡沫氾濫的今天，登上市場經濟的真實彼岸；否則無論英國脫歐與否、美國總統是男是女、台灣未來朝西朝南，全世界都將困坐在一個假性成長、隨時傾頹的全球經濟裡等待下一場幻滅。

12 一個裴瑞斯告訴我的秘密

「在以色列這片缺乏自然資源的土地上，我們學會了珍而重之我們最重要的國家優勢：我們的心智，藉由創意和創新，我們得以改造荒蕪沙漠成為似錦原野，更在科學與技術的前沿開拓不懈。」

這是剛過世的以色列前總統與諾貝爾和平獎得主裴瑞斯於二〇一二年的一段談話；這段話自此時常被徵引流傳。因為他是以色列開國元勳之一，沒有任何人比這位曾經親身參與終結猶太人兩千年的流離狀態、又將以色列建設成一個國際中堅角色的裴瑞斯更有資格闡述其國家的成功關鍵。

而我對裴瑞斯的印象並不限於此，二〇一三年我收到一封他的親筆感謝函，當時丈二金剛的我費了點功夫才發現，原來某位Pitango Venture Capital的合夥人，送了一個法藍瓷的限量作品，作為他九十歲生日壽禮，此舉最令我觸動處在於，彼時從眾多來自世界各地的賀禮以及日理萬機的政務之中，他竟然特地找到我的辦公室來函致意，足證他一如傳聞所言，對於人文藝術懷有一種尋常政治人物所欠缺的尊重喜愛。

原來，裴瑞斯除了是一名政治家，他還有一個身份是「詩人」，這也正是我一直對猶太文化心存景仰之所在。回想起愛因斯坦與小提琴、物理頑童費曼和繪畫、美國聯準會前主席葛林斯潘與單簧管、美國聯準會主席葉倫與集郵等等。如果仔細歷數在近代歷史上占有一席之地的猶太裔科學家、政治家或經濟學家的背景，我們不難發現，他們除了在本身領域中優秀到可以影響世界情勢或是人類未來之餘，多半都還擁有一個與文學、藝術或是歷史相關的人文愛好，而且他們的人文愛好，絕非台灣流行的父母將孩子送進才藝班，一旦孩子進了心儀學校後，才藝就任其荒廢的表面式培養；相反地，猶太菁英們的人文愛好，顯然發自內心、並且伴隨一生，就像愛因斯坦所說的：「我活在音樂的白日夢裡；我以音樂看待我的生命。」

擁有一群具備人文情懷且視藝術為生活必需的菁英與領導階層，能夠為一個國家民族的發展，帶來多麼巨大且正面的影響力。

這封信無意間洩漏了一個以色列的秘密，原來，擁有一群具備人文情懷且視藝術為生活必需的菁英與領導階層，能夠為一個國家民族的發展，帶來多麼巨大且正面的影響力。君不見台灣和以色列的狀況驚似，同樣都是歷史悠久、處境複雜、資源匱乏的小國寡民，但我們的總統連出訪邦交國都要左閃右避的借道各處，而他們一個前總統葬禮竟可以召集到世界上舉足輕重的領袖人物齊聚一堂，莫不正是人文藝術的想像力、感染性與敏銳度，讓各行各業的人才都能在他們的專業領域裡揮灑出如蒙天啟的創意思考與創新方案，做到真正的人定勝天，改造了荒蕪沙漠成為似錦原野。

試想，連重視金錢與務實至上的猶太人都如此在乎人文藝術，相信這個裴瑞斯不小心告訴我的秘密，也可做為努力追求經濟復甦與國際地位的台灣，眼下亟需的一塊攻玉之石。

13 科技與人文，智慧城市的零與一

二〇一六年十一月應邀參加京台科技論壇，本屆主題為「共用新機遇、合作為未來」，雖然兩岸情勢讓該論壇聲勢較往年低調，然而，在目前如此規模的兩岸活動日漸稀缺背景下，依然吸引數百位政商界人士出席；一如既往，今年話題圍繞在高新科技、產業合作、創新創業、地方發展等幾大板塊。

主辦單位安排了十位講者，除我以外，幾乎都來自智慧科技與城市建設相關的官員學者，整場下來，不難發現現代社會對於「智慧城市」想像依然聚焦在科技與效率，例如，在城市建立節能減碳的「出行」網絡或是智能科技如何增加公共設施利用率與安全性。

作為商人，我完全認同效率的重要，也期待高能低耗的智慧城市能夠實現便利生活與有限資源間的平衡循環，事實上此前，我也曾與某家印度跨國企業洽談過他們的智慧城市計畫，然而，無論是京台科技論壇或是印度智慧城市，面對那些技術專家與政府官員們盡是寬頻覆蓋率、智能便民服務、綠色低碳經濟、生態城市建設等專業用語言談時，總不免讓我心生疑惑：智慧城市究竟是為機器人制訂的場域？還是為人類設計的家園？

除了可量化的科技應用，難道智慧城市的藍圖裡，不應該也講求人文精神、生活方式、文化資本、社群凝聚等從「人」的本位價值出發的抽象概念嗎？就像台灣幾個主要都市常常出現在國際智慧城市論壇（ICF）全球廿一個入圍智慧城市（SMART 21）和七大智慧城市（TOP 7）的榜單之上，然而，以我每天健身運動的公園為例，它名列台灣目前功能設備最齊全完善的休閒公園之一，擁有良好的WIFI收訊和各類設施，我卻鮮少看到青壯世代的身影出現其中，平時運動散步的人們即使已熟，也難得交流，那種人與人間難以掩飾的疏離，游移在先進的公共建設中，尤其顯得突兀。

所有科技建設是一個個的「〇」，必須加上由美學養成、道德教育、哲學精神等人文建設所代表的「一」，方能形成一套可以演繹美好城市的運作程序。

《荀子．修身》裡說：「君子役物，小人役於物。」我深以為，不少開發中國家的智慧城市，常常落入「役於科技」的規畫盲點。我們可通過網路與ＡＰＰ快速找到所在城市的各國料理，全國範圍內卻出不了幾家具國際影響力的餐飲品牌；可以做到教學資源或企業服務的E化工程，卻形成不了可讓類似李開復或吳季剛這樣人才開花結果的宏觀環境；政府財團可將大樓街道改造得既低碳又智能，卻缺少大批關心公共藝術與社區美學的參與群眾。

智慧科技無疑讓城市變得耳聰目明，但並不一定能讓身居其中的「人」更接近智慧生活。在我看來，智慧城市如同一組二進制的程式語言，所有科技建設是一個個的「0」，它們的單獨存在並不能進行有意義的操作，必須加上由美學養成、道德教育、哲學精神等人文建設所代表的「1」，方能形成一套可以演繹美好城市的運作程序，畢竟，智慧城市應該是為增益人類「不役於物」的生活品質，而不是為了展現「役於物」的硬體精良。

14 有了GCP，小島也可以變大國

二〇一七年十二月初，世界上最小的大國以色列又上了國際頭條。

起因源於美國川普總統宣布承認耶路撒冷為以色列首都一事，引發全球輿論一片嘩然，聯合國安理會甚至為此召開會議，因為美國以外的四個聯合國常任理事國與其他國家對此舉表示不解，同時擔憂中東局勢又將再惡化。

雖然這個決定牽扯美國境內各種遊說團體與軍火生意的利益博弈，可是卻再一次昭示以色列對於全球平衡的牽制之重，我認為這個面積只有台灣三分之二、人口不足千萬的沙漠小國，竟然足以調動一個世界霸權的國家機器，且和整體超過五十個國家及地區的十六億穆斯林人口分庭抗禮，絕非單靠其軍事、科技或是財富，而是它恪守經典卻與時俱進的文化力量在幕後整合協作這些形而下的硬實力。

日前統一前總裁林蒼生先生發表了一系列關於GCP的文章，他主張不要再以GDP為台灣國家發展的唯一指標，應該改以「文化生產毛額」（GCP，Gross Culture Product）來當台灣未來的努力方向，用中華文化的廣度與深度促使台灣社會在物質與精神的富足之間有個奇妙的平衡，在取得社會人心的平衡之外，領導者們也應學習文藝復興時代佛羅倫斯，運用政治謀略與人文藝術的軟實力周旋強權間，解決我們進退失據的尷尬地位，使台灣成為華人的文化中心後，方有機會順理成章地再站到國際舞台正中央。

吾深以為這GCP觀點恰巧呼應以色列的成功之處，兩千五百年來在亡國之殤裡，猶太民族有意識地以民族文化為紐帶，透過經典學習與傳統凝聚，始終維繫著散而不亡、一以貫之的民族精神，歷經了納粹浩劫後，更求諸精神信仰帶動世俗資源的文化力量，從而創造出人類文明史上唯一一次古國復興的奇蹟。

由於工作緣故，我和猶太人往來不少，也到訪過幾個以色

猶太文化傳承千年的語言、歷史與哲學等形而上的非物質資本，抱有一種猶恐失之的尊敬珍惜，才使以色列成為GCP產值最高的國家之一。

列城市，看見他們在世故、精明與時而偏執外表下，大部分都懷揣著景仰人文的心情，無論是出生歐洲的科技人、長於美國的精算師，還是耕耘本土政治家，即使不完全熟悉，卻對於人文藝術，特別是猶太文化傳承千年的語言、歷史與哲學等形而上的非物質資本，抱有一種猶恐失之的尊敬珍惜，正是這種猶恐失之的尊敬珍惜，才使以色列成為GCP產值最高的國家之一，因為許多散布世界各地的政法、金融、媒體、科技等不同領域的猶太菁英們，本身可能是任何國籍，卻都願意為了猶太民族文化的凝聚與存續而斡旋奔走。

其實中華文化的儒道釋法、詩書禮樂的浩渺宏大，完全不遜於猶太民族的托拉、塔木德等思想體系，試想，假若沒有這二十多年來堪比文化大革命的「去中國化」暗流，在台灣腐蝕著社會根基，其實台灣早可成為華人世界的以色列，根本不需要活在眼下自欺欺人的顧影自憐裡。在此呼籲執政者與台灣各界領袖們能起身倡議，著手善用中華文化的雄厚資本，一旦有了像猶太人一樣強大的GCP，蕞爾小島照樣可晉身大國，何樂而不為呢？

15 創業不該為了當獨角獸，而是當千里馬

上周去巴黎開會，正好住在香榭麗舍大道上ＬＶ總店的旁邊，差不多天光乍亮就可以看見店門口排起一條長長的隊伍，遠看絕大部分都是打扮入時的亞洲面孔，而走近一探，耳裡聽見的全是大陸口音。

想當年，我也有趕上那個台灣土豪們包下勞力士店的好時光，但真的必須承認三十年河東、三十年河西的現實。根據二〇一八年洛桑管理學院的世界競爭力調查，我們台灣的競爭力已經落到十七名，這不是我們歷史最低成績，卻是首次落後排名第十三的中國大陸。值得注意的是，對於市場狹小、資源匱乏的我們而言，報告中顯示外商投資的細部排名居然從去年的廿九名跌至四十名以外，相較排名第八的對岸，不可不謂望塵興嘆，更不難想見，未來這個差距只會益發顯著。

那天我走在香榭麗舍大道上，環顧四周林立的知名品牌，我驀然發覺台灣競爭力的傾頹，其實是從近年來缺少跨國創業與自主創新開始。過去的台灣企業無論大小，多半具有跨國性質，兢兢業業地扮演著國際品牌幕後英雄的角色。而隨著全球經濟的物換星移，許多產業轉移到更加廉價的勞動市場，我們卻沒有轉型發展出更上一層樓的國際性品牌，到後來小確幸之風盛行，以至於廿一世紀以後的台灣創業型態逐漸內縮，從根本上缺少國際布局的基因。

從宏觀發展的角度，除了近悅遠來、延伸無限的強勢品牌，例如鼎泰豐，或是卅年磨一劍、傳承難以取代的匠心職人，台灣經濟需要遠比現下流行、卻消亡迅速的小型餐飲文娛行業進入門檻更高的創業與創新，我相信政府也察覺了創業投入低迷的現象，因此前段時間試圖推動優化新創事業投資環境的政策方向，號稱在兩年之內至少培育出一家公司市值超過十億美元的「新創獨角獸」，再以兩年一家獨角獸的速度，使台灣成為亞洲新創資本的匯聚中心。

欲挽台灣競爭力下跌的狂瀾於既倒，絕不是在於創造出多少隻市值十億的獨角獸，而是創造出多少匹可以真正拉動台灣經濟向前狂奔的千里馬。

豪語如斯，而其路艱辛，我在國際商場上打滾了四十年，創業與跨界於我不足為奇。如今年過耳順，依然成立法藍瓷生技，把二十年前我們引入的3D陶瓷列印從工藝領域，導向3D瓷牙的醫材製造，目前該項成果正在申請FDA認證；另一方面，我也熱中於做創投，從飛機、火箭到iPhone的技術材料都有涉獵，雖然也逃不出創投九死一生的成敗率，但我對所謂天使、種子、AB輪的獨角獸創造法亦不算陌生。

正因為了解創業與創投，我認為欲挽台灣競爭力下跌的狂瀾於既倒，絕不是在於創造出多少隻市值十億的獨角獸，而是創造出多少匹可以真正拉動台灣經濟向前狂奔的千里馬。當前的台灣確實需要創業與創新，但是無論創業還是創投，我們都不應拘泥於十億這個數字，畢竟能夠派上用場的創業與創新，最終還是必須立基於產品質量、市場溝通、核心團隊以及國際視野。

君不見，估價市值都不過紙上輝煌，唯有精益求精的產品與服務才能跨越國界與時間。期待未來台灣的各行各業都能出現幾匹烙印著MIT標籤的千里馬，馳騁在國際社會的大街小巷，讓我們站在如同香榭麗舍大道這樣的世界之巔，也能抬頭看見屬於台灣的驕傲。

16 企業抗衰老的秘密——慈善基因

二〇一九年五月下旬，應邀參加印度塔塔集團旗下TCS在台舉辦的商界餐會，席間和印度台北協會會長史達仁、助理會長司馬哲聖及塔塔集團亞太區總裁Girish Ramachandra、台灣區總經理馬凱薩等人相見甚歡。

因前幾年前進印度關係，我和史會長、馬先生有過數面之緣，前者是一位對於信仰與修行都自有一番心得的不俗人物，熱衷與媽祖遶境之類的祈福慶典，算是相當深入民間的外國友人；後者則是在商不一定言商的性情中人，當初我們試圖南向印度，過程周折不足為外人道也，各種風土、法規、物流的疑難接踵而至，他不計利弊得失替我們斡旋盤算，以至當我對印度市場惴惴難定之際，卻對某部分的印度人文精神另眼相看。

那天餐會，我對印度的另眼相看更上層樓，亞太區總裁提及集團控股母公司（TATA

Sons）三分之二的股權，是由慈善信託擁有，相當於集團年利潤的六十五%都流向慈善公益，因為創始人詹姆斯吉．塔塔認為：「對一個自主企業而言，社會不只是它的利益關係方之一，更是它存在的終極意義。」從任何角度看，這個以慈善公益為核心的營利模式，在現代企業管理中絕對可稱為超前而偉大的商業觀點。

不知道多少人認識這個總市值堪比一個中等經濟體的印度超級公司，塔塔之於印度、猶如三星之於韓國，人一到印度境內，塔塔的身影就無所不在，可是相比三星驕奢狂恣的家族形象，塔塔家族的名聲顯得分外低調敦厚。根據不完全統計，世界上約有幾萬家超過百年歷史的公司行號，但九成以上都是小於兩、三百人規模的中小微企業，且大多聚集在日本、美國、西歐等先進國家區域，對於印度如此混亂，又無法擺脫種姓、歧視、官僚、公衛、基建、治安等深層結構弊病的國家而言，能有這個傳承一百五十年、超過50%跨國營收的家族型上市集團，實屬難能可貴，我相信它的長壽與活力，和它的慈善基因，有著密不可分的關係。

因為家庭信仰緣故，從小就認定「慈善」是理所當然的人生功課，故經營企業後，一直堅持將慈善基因帶入企業文化中。

我對這樣的慈善基因，極有共鳴；因為家庭信仰緣故，從小就認定「慈善」是理所當然的人生功課，故經營企業後，一直堅持將慈善基因帶入企業文化中。除了虧損期，我幾乎每年都會加發一筆年終鼓勵員工自由捐助，也會在利潤中固定提撥相當比例，支持文創協會及藝文競賽等相關活動，例如二〇一九年在法國大皇宮的展位空間將全部留給光點計畫的優秀作品。誠然，相比塔塔或The Giving Pledge之儔的湧泉之勢，我們這種中小企業的能力，至多算是涓涓細流；可是這幾十年來，我真實感受到慈善對於企業經營的正向影響。

易經有云：「積善之家必有餘慶」，塔塔的慈善基因，或許正是台灣家族企業急需的抗衰老秘方，君不見台灣乃至於整個華人社會，因種種原因，還沒有什麼能夠存續百年的大型家族企業。也許有了慈善基因的培養與加持，在這個追求穩定的昇平年代，台灣出現一兩個可和塔塔並駕齊驅的長青企業亦未可知。

17 多元是民主自由最好的防線

美國民主黨總統初選隨著二〇一九年六月底初選辯論結束，在美國獨立二四三周年前夕正式拉開帷幕。此次民主黨參選隊伍無論在參選人數、女性參與還是種族分布上，都來到前所未有的多元巔峰，代表著美國的民主自由在保守主義的睥睨之下，依然逆風而飛的奮起姿態。

我注意到辯論後民調統計，麻州參議員華倫（Elizabeth Warren）暫居鰲頭。誠然，華倫距離成為美國第一位女總統還有一段攻苦克難的道路，可是她之前倡議阻止科技巨頭壟斷市場的前瞻與魄力一直令我印象深刻。無獨有偶，克羅布莎（Amy Klobuchar）、桑德斯（Bernie Sanders）、楊安澤（Andrew Yang）等同黨競爭者，也紛紛從不同角度劍指大型科技公司存在個人隱私、勞工權益與市場競爭等方面的明憂隱患。

事實上，從二〇一八年劍橋分析事件之後，人們對於科技巨頭們手中的數據資料被政治鬥爭與商業競爭不法濫用的恐慌疑慮，開始浮上國際舞台。現在不只政治人物，二〇一九年五月，Facebook聯合創始人休斯更在紐約時報投書呼籲拆分Facebook的時候到了。

我同樣對這些科技巨頭們戒慎恐懼，幾十年的從商經驗，我非常清楚誰掌握資訊、誰主導競爭，另一方面，相信大家對歐威爾的《一九八四》並不陌生，一定聽過有人援引裡面的老大哥、電幕等概念形容無時無刻不在監視和操控人民的極權社會。殊不知我們此時此刻亦等同於生活在無所不在的監視、紀錄、分析以及潛在操控之中，相當程度上來說，電幕就是現代的手機與電腦，而我們所使用的社交媒體、電商網站與即時通訊工具等，正隨時將我們的心情與喜惡傳送到電幕的另一端。當然Facebook、LINE、Instagram並不是一九八四的友愛部（Miniluv），可是事實證明我們的一舉一動正在以不同形式被洩露給現實世界裡處心積慮想要成為老大哥們的藏鏡人。

唯有勢均力敵的科技企業彼此龍爭虎鬥，才能確保我們民主自由的防線不會落入某個在螢幕深處蠢蠢欲動的老大哥的野心之中。

沒有人希望自己人生敞開在別人的注視之下，可是這似乎已經避無可避，當在網頁上搜尋某個話題之後，另一個APP推送給你類似廣告或引導資訊，幾乎成為一個現代人的生活常態；況且國際及台灣最近的政治活動，都讓我們領教了某些掌握資源的主事者，確實企圖利用通訊科技來挑戰民主自由的底線。

我們不能容許廿一世紀有任何老大哥挑戰民主自由的底線，美國獨立宣言主要起草人傑佛遜說過：「如果人民害怕政府，便是暴政。如果政府害怕人民，就是自由」。在這個科技幾乎無所不在、未來也許無所不能的時代，我們不能讓任何科技巨頭有機會成為令人害怕的獨裁者；相反的，社會監管與市場競爭應該成為讓科技巨頭們望而生畏的「暴政」。因此，雖然我不認為拆分企業可完全杜絕用戶隱私與數據規範的問題，至少可以適度控制這些巨頭的影響與規模，進而增加隱身於後的老大哥們蒐集訊息的成本與壁壘。

未來的科技產業必須要像二〇一九年民主黨初選隊伍一樣組成多元且競爭激烈，因為唯有數量可觀、背景各異、目標不同卻又勢均力敵的科技企業彼此龍爭虎鬥，才能我們確保民主自由的防線不會落入某個在螢幕深處蠢蠢欲動的老大哥的野心之中。

18 安居樂業，才是民粹的對立面

如果說二〇一九是全球民粹的一年，我想很少有人會反對。

二〇一九年正好是法國大革命二三〇周年，這個催生了近代民主共和、同時埋下後來民粹主義（Populism）伏筆的歷史事件其實從未真正走入歷史，二〇一八年爆發在巴黎街頭的黃背心運動，彷彿是一場穿越時空的歷史回聲，讓全世界再次聽到階級的硝煙與人民的怒吼。

不只凱旋門前，同樣的硝煙與怒吼還迴盪在世界各地的角落，也許各自性質與主題的不同，然而無論是今天已經變成阿拉伯之冬的阿拉伯之春運動，到目前香港的反送中、美國的白人主義、歐盟與南美的右派抬頭，甚至是日韓貿易衝突的周邊效應等等，我覺得都可以說是帶著民粹色調的政治活動；當然，萬萬不能忘了咱們台灣的藍綠對立也早已演變成為一場別具一格的民粹混戰。

時至今日的民粹似乎是一個貶義詞，好像十分容易被貼上暴力與盲目的標籤，其實民粹應該是中性的，它的原意是平民主義，即是以菁英貴族之外的人民為核心起點，發展出一套平民所擁護的政治與經濟理念，以民為本的概念雖然在人類文明長河中淵遠流長，但這個名詞的正式出現是在十九世紀中葉的俄國農民運動，差不多同時，在世界另一端的美國土地上，則出現了現代民主社會裡最廣為人知的「民有、民治、民享」的蓋茲堡演說。

雖然「民粹」和「民有、民治、民享」兩者在起心動念上並無二致，可是「民有、民治、民享」一說多少懷有菁英階級的克制與浪漫，而民粹的發生幾乎都出自基層對於現有體制的嚴重反感與對於未來生存的極度茫然，再加上平民主義的發源地俄國的民粹派有句名言：「誰不和我們在一起，誰就是反對我們；誰反對我們，誰就是我們的敵人；而對敵人就應該用一切手段加以消滅。」所以，如此挾帶怨氣與恐懼的民粹容易走向極端與激進一事就不難理解。且不可否認，民粹的衝動、主觀、顛覆與冒險犯難如同紫微斗數中的破軍星，雖然凶險卻也

民粹的衝動、主觀、顛覆與冒險犯難如同紫微斗數中的破軍星，雖然凶險卻也推動了不少人類文明史上的嶄新局面。

推動了不少人類文明史上的嶄新局面。

然而，我並不認為民粹就一定站在菁英的對立面，特別是在廿一世紀的今天，階級早已不是兩百年前的三級劃分那麼簡單，盤根錯節的派系與圈層造就了今日民粹的複雜與多變，許多民粹活動的背後常常看到另一群菁英的身影，當然有的是真心、有的是假意，但真正讓那些平民百姓願意走上街頭、訴諸喧囂的原因，幾乎不離「就業」與「認同」兩條主旋律，歸根究柢不外乎薪水、物價、工作機會等經濟因素以及人身安全、居住正義及自我定位等社會因素。

無論是十八世紀的農奴還是廿一世紀的公民，千萬黎民所冀所求不過就是「安居樂業」四個字而已，如果每一個人都有一處足以審容膝之易安的安身之地，一份足以壯有所用、老有所養的立命之業，什麼菁英民粹又與我何有哉，所以民粹的硝煙與怒吼，從來不是為反而反，那些光怪陸離、參差錯落的街頭議題不一定真實，但對於當權無能或是財閥壟斷的不滿卻一點不假，可惜任憑時光流轉多少個百年，人人安居樂業似乎依舊是一篇政治童話。

只是希望在這個號稱「民有、民治、民享」的民主社會，我們終有一天能用平民的選擇讓我們的國家活成一篇童話。

19 發狂的地球，利益相關的全球未來

二〇二〇庚子新年伊始，煙花紅包尚來不及迎春報喜，我們的生活突然深陷一片對新冠肺炎驚慌疑慮中；一時間，航班交通大亂、口罩酒精斷貨，在我看來，這波病毒不僅可能威脅你我生命健康，接下來還有對於經濟民生衝擊。

其實二〇二〇開年的兵荒馬亂又豈止是兩岸與亞洲，向東七千公里外的澳洲野火延燒數月，連首都坎培拉都進入了緊急狀態，而向西八千公里外的東非正在飽受本世紀以來最嚴重的蝗災，任何看過現場片段的都會認同外媒用瘟疫（Plague）一詞來形容這場蝗災毫不誇張，當幾千億隻手指粗細的飛蟲鋪天蓋地而來，印尼大水、北美雪災等災害場景顯得何足掛齒。

誠然，野火與蝗災看似都不可能發生在台灣，可是身處這樣一個處處皆見蝴蝶效應的全

球化時代，澳洲大陸上以億計數的傷亡動物與非洲之角內以千萬計的饑餓災民，在大部分人無法察覺的時間與角度，終將像某種新型病毒一樣，影響到我們的起居日常。再者，相信毋須你我費心推敲，也能發現無論肺炎、野火、蝗災，還是洪水大雪，無一不是直接或間接出自人類對於自然的試探與僭越，這不是什麼《聖經》神話裡的天譴，而是地球對人定勝天的盲目自信所發出嚴厲的警告。

能夠感受也願意承認地球正在發狂的，當然不只有我一個人，年初在瑞士舉辦的達沃斯世界經濟論壇（WEF），迎來了它的五十周年紀念，今年很重要的主題焦點之一就是圍繞在環境保護與氣候變化，除了一個還在自吹自擂的川普總統以外，我們不難發現來自世界一百多個國家三千多位與會的世界菁英們，絕大部分都真誠地擔憂著環境破壞與氣候暖化已經演變成為全球各國共同面對的經濟風險之一，因此溫室氣體排放控制以及自然環境永續保護也成了刻不容緩的世界工程，即使是斷然退出巴黎協定的川普總統也出乎意料地當場同意加入該論壇所倡議「一萬億棵樹計

面對這樣一個暗潮洶湧的發狂地球，假若我們不盡快反省與調整人類發展的方向與步伐，難保不會陷入到有滅頂之危的「大過」之境。

畫」（1t.org Project）。

然而，就算全體人類用一萬億棵樹做為和解禮物，現在恐怕也難平息大地之母的狂躁，所以除了這一萬億棵樹，WEF同時發布了升級版的達沃斯宣言（Davos Manifesto 2020），重申當年的達沃斯精神，也就是所謂的「相關利益者資本主義」（Stakeholder Capitalism），並將過去涉及的利益者範疇拉大到全球視野，且寄望於從國家、企業與機構等各個主體來凝聚力量，實現一個可持續發展的全球未來，如此理想主義的崇高宣言能不能在半個世紀後功德圓滿，我相信在不同國家團體的利益糾葛中依然不容樂觀，但這不啻為人類面對現實、反省過去、深思未來的序曲之一。

《周易・序卦傳》有云：「物畜然後可養，故受之以頤，頤者養也。不養則不可動，故受之以大過。」廿一世紀二〇年代的人類文明已經來到了物畜頤養的階段；如今面對這樣一個暗潮洶湧的發狂地球，假若我們不盡快反省與調整人類發展的方向與步伐，難保不會陷入到有滅頂之危的「大過」之境，畢竟生活在這個地球上，無論哪片大陸、哪片海洋，誰不是其中一個利益相關者？

20 當天空不是極限，What is Next？

現實版鋼鐵人伊隆．馬斯克（Elon Musk）在全球因為病毒流行而烏雲罩頂的二〇二〇年六月，成功地用他的獵鷹九號（Falcon 9）以及飛龍火箭（Crew Dragon）在地球上空衝出了一片石破天驚，寫下第一次民間航太企業將人類載上太空的歷史紀錄。

老實說，我十分羨慕他能夠在這個外人看起來瘋狂至極的太空夢上不計成敗、上下求索，因為就像每一個喜歡仰望星空的孩子，我也有過自己的太空夢，六月初SpaceX成功回收獵鷹九號的關鍵科技，其實我早在廿多年前投資的一家公司Kistler就已經掌握了部分回收的奧祕，只可惜時空機遇不同，彼時正是美蘇太空競賽的低谷，又出現了新的衛星遙控壓縮技術，所以我們未能跨過一步登天的門檻，只得抱憾止步於技術商業化之前。

然而除了羨慕，其實我也不得不承認馬斯克的太空夢存在著一種只想瞻前、不能顧後的隱憂，他從不諱言關於移民火星的宏大藍圖，而在邁向火星之前，他似乎想要先一步布局地球的天空。英文裡有一句成語：「The sky is the limit.」（唯天是極限、天高任你飛）他的星鏈計畫（Starlink）就是一個天高任你飛的極限計畫。該計畫預計於二〇一九年至二〇二四年間在太空中搭建一個由1.2萬顆衛星組成的一片星羅棋布，目的在於為整個地球全天候提供高效率低成本的衛星網路。據悉未來SpaceX還可能將星鏈計畫的衛星發射總數從一點二萬顆擴張到四點二萬顆，可是值此同時，全世界實際在軌運行的人造衛星不過區區五、六千顆而已。

目前某些天文學家已經跳出來質疑這項計畫。另一方面，我們也不難想像當一個為NASA服務的美國公司在地球周圍有幾萬顆衛星運行時，其他諸如中俄英德法等重要國家又怎麼可能袖手旁觀？所以吾人以為一場世界性的天空大戰其實已經箭在弦上、一觸即發，以後甚至可能會有幾十萬顆人造衛星在我們頭上密集旋轉，緊接下來軌道分配、太空垃圾、資源耗

希望那些青春飛揚的創造力與企圖心，能夠透過幾乎亙古不變的陶瓷材質，一起在這個天外有天的宇宙之內，探索上下四方與古往今來的下一個極限。

竭、機密隱私等各種層次的問題勢必接踵而至。

可是我覺得其中更值得我們思考的問題是，當天空不再是人類的極限時，那什麼是我們的下一個極限？我相信每個人都有自己的詮釋，而我首先想到的是「宇宙」（Universe）。「宇宙」兩字其實來自道家思想家文子的體察，他的原文是：「古往今來謂之宙，上下四方謂之宇」，從今天看來這兩千多年前的中國哲學思想，已經有了時間與空間的結合，和現代主流科學以及西方重量級科學家包括愛因斯坦在內的認知與學說居然相去不遠，所以也許當人類征服了代表空間的太空，意謂著我們的下一步就是征服時間？

誠然，我知道人類的古往今來比起整個宇宙，不過是一座森林裡的一粒塵埃，但這粒塵埃裡卻乘載著地球七十億人口與無數下一代如假包換的喜樂與哀愁，如果「古往」不能改變，「今來」又將如何期待？

我特別好奇即將主宰未來的年輕世代們對於天空之外的想像與期待，於是我將二〇二一年法藍瓷設計大賽的題目訂為「What is Next ?」，我希望那些青春飛揚的創造力與企圖心，能夠透過幾乎亙古不變的陶瓷材質，一起在這個天外有天的宇宙之內，探索上下四方與古往今來的下一個極限，也許我們有機會啟發下一個世代的伊隆．馬斯克，亦未可知不是嗎？

〈附錄〉法藍瓷大事紀年表

年份	大事紀要
2001	◉自創Franz品牌 ◉在美國成立Franz Collection Inc.，開拓國際市場
2002	◉Franz在美推出，參加全美各大秀展，獲得好評。蝶舞系列於紐約國際禮品展中自三萬餘件作品脫穎而出，榮獲【最佳禮品首獎】Best In Gift獎項
2003	◉Franz以「法藍瓷」之名在台首賣，並於新光三越南西店舉辦首場品牌發表記者會
2004	◉獲外貿協會評選為【台灣潛力品牌】 ◉獲英國零售商協會【最佳陶瓷禮品獎】The Best for Ceramic Gift ◉榮獲台灣工藝所頒發之《工藝設計新人獎》
2005	◉法藍瓷景德鎮園區落成 ◉法藍瓷音樂餐廳（Franz & Friends）隆重於城市舞台開幕 ◉於南非舉辦【全球名人畫瓷義賣】活動 ◉榮獲象徵台灣產品最高榮譽【台灣產品形象金質獎】 ◉榮獲美國禮品與收藏品零售商協會NALED（The National Association of Gift and Collectable Retailers）【年度最佳時尚配飾獎】 ◉法藍瓷與國立故宮博物院合作，首部作品「桃花雙燕」正式發表
2006	◉受邀於北京畫院舉辦【新瓷器時代－法藍瓷重燃華人瓷藝驕傲】展 ◉法國前總統席哈克鑑賞「福海騰達」系列瓷品 ◉參加【德國法蘭克福展】Frankfurt Ambient並設立常設展位 ◉參加【法國巴黎家飾展】MAISON&OBJET ◉成立亞太文化創意產業協會 ◉首次獲頒聯合國教科文組織【世界傑出手工藝品徽章】，之後連續六年獲得該獎殊榮 ◉與北京故宮合作「福海騰達」系列，蒙獲館方珍藏

2007

◉法藍瓷總裁獲教宗本篤十六世接見，並致贈作品「櫻桃嬉春」予教廷典藏
◉與法國時尚品牌浪凡Lanvin合作推出限量典藏時尚瓷娃
◉「福海騰達」作品榮獲法國立摩日國立陶瓷博物館典藏
◉舉辦首屆【法藍瓷陶瓷設計大賽】，打造設計人才育成平台

2008

◉景德法藍瓷園區獲選為【中國國家文化產業示範基地】

2009

◉第四次江陳會，海基會致贈海協會法藍瓷「安和昇祥」瓷瓶
◉與荷蘭梵谷博物館合作，推出「梵谷」系列作品
◉舉辦【海峽兩岸陶瓷精品展】

2010

◉受邀入駐美國紐約第五大道頂級百貨Bergdorf Goodman
◉與美國費城美術館與台北市立美術館共同主辦「馬內到畢卡索—費城美術館經典展」，並推出費城美術館系列作品
◉法藍瓷受邀入駐上海世博零碳館

2011

◉法藍瓷陶瓷設計大賽（Franz Award）躍升為國際性設計大賽
◉為杭州六星級黃龍飯店設計打造之頂級客房「東方印象 Oriental Impression」樓層隆重開幕
◉法藍瓷總裁陳立恆推出首部個人自傳《玩美法藍瓷》
◉與國立故宮博物院及浙江省博物館合作推出「富春山居圖」對瓶
◉榮獲【台灣百大品牌】殊榮
◉榮獲經濟部國家產業創新獎——【卓越創新企業獎】

2012

◉於歐洲最大陶瓷博物館【德國Porzellanikon Selb博物館】進行展覽
◉受邀入駐美國紐約頂級百貨Bloomingdale's
◉舉辦第一屆法藍瓷公益提案計劃～想像計畫
◉法藍瓷陳立恆總裁榮獲富比士頒發【全球時尚界25位華人】殊榮
◉「華麗花園 屏風」榮獲第廿屆【台灣精品金質獎】
◉榮獲安永企業家獎【文創前瞻企業家獎】及【年度大獎】
◉榮獲聯合國教科文組織【世界傑出手工藝品徽章】
◉榮獲第十四屆【科技管理獎章】

2013

- 榮獲【經濟部卓越中堅企業獎】
- 「鵲躍」瓷瓶獲選為致贈教宗方濟國禮

2014

- 法藍瓷總裁陳立恆推出第二本著作《淬煉》
- 榮獲第一屆【總統創新獎】
- 致贈「登峰造極」瓷品予靜岡縣知事

2015

- 於日本皇宮酒店舉辦【珍藏、法藍瓷經典展】
- 與史坦威鋼琴合作，推出頂級瓷藝「日月相映琴」
- 致贈「貴器天成」花瓶予法國總理瓦爾
- 與國際攝影大師柯錫杰、現代詩人鄭愁予攜手打造「金海」瓷品
- 為新加坡打造建國五十周年對瓶「萬代昌盛」

2016

- 致贈「鵲躍」藍鵲瓷瓶予聖文森總理龔薩福

2017

- 陳立恆總裁受邀前往英國瓷都Stoke-on-Trent擔任全球陶瓷設計比賽Future Lights的評審且發表演說，接續受邀至全球排名第一的牛津大學演講，促進東西方文化交流
- 捐贈價值上億元的「生命之樹」瓷牆予輔大醫院，實現「醫院治病，藝術療心」之宏願

2018

- 「法藍瓷陶瓷設計大賽」十年有成，轉型國際陶瓷獎學金「法藍瓷光點計畫」
- 法藍瓷獲得【Icon Honors】Contribution Honors貢獻大獎，該獎為禮品家飾品業的世界最高殊榮，表揚對該產業中極大貢獻的代表人物與企業，這也是該獎開辦九年來，首度由華人品牌摘下大獎

2019

- 將歷年最具代表的百件瓷品集結成冊出版《法藍瓷．經典一百》，並榮膺國際指標性之圖書館、博物館、學院典藏

2020

- 法藍瓷創立子公司「法藍瓷生技股份有限公司」，整合科技、藝術與文化，從文創跨足生技

國家圖書館出版品預行編目（CIP）資料

跨越：過去現在未來，陳立恆的FRANZ觀點
／陳立恆著. -- 初版. -- 新北市 : 經濟
日報, 2021.10
244面；14.8×21公分. -- （經營管理；
19）
ISBN 978-986-98756-9-1（平裝）
1.企業經營 2.企業管理

494　　110008406

經營管理 19

跨越

過去現在未來，陳立恆的FRANZ觀點

作　　者　陳立恆
內容策畫　陳怡如
社　　長　黃素娟
副 社 長　翁得元
總 編 輯　費家琪
副總編輯　盧家鼎
出版總監　楊東庭
封面設計　翁湘婷
版型設計　許秋山
內文編排　許秋山
校　　對　鄭巧玟、楊東庭

出 版 者　經濟日報
　　　　　新北市汐止區大同路一段369號
讀者服務　（02）8692-5588 Ext.2974
總 經 銷　聯合發行股份有限公司
　　　　　新北市新店區寶橋路235巷6弄6號2樓
印　　製　韋懋實業有限公司
初版一刷　2021年10月
定　　價　320元